我的第[1]本摄影技法书

风华正茂

光圈 F4
焦距 88mm
感光度 500
快门速度 1/250s

巧笑倩兮 | 光圈 F9
焦距 50mm
感光度 200
快门速度 1/160s

孤寂星空 | 光圈 F2.8
焦距 14mm
感光度 6400
快门速度 30s

春光明媚 | 光圈 F11
焦距 62mm
感光度 64
快门速度 1/6s

数码单反摄影从入门到精通

第2卷

第2版

神龙摄影 编著

人民邮电出版社

北京

序

　　如果说本系列图书"第1卷"是引导读者迈进单反摄影领域的"指南针"，第2卷则是提升摄影水平的"必经之路"。其实，摄影这条路，并没什么捷径可以走，多看，多学，多练，逐渐形成自己的摄影知识体系，是一条无法避开的道路。

　　当然，没捷径不代表没有任何东西可以借鉴。比如在复杂环境下的拍摄，自己很有可能有失败的经历，这时通过学习别人的处理方法，就是一种完全"可以有"的借鉴；又比如，在偏极端的拍摄环境下，为什么有人能拍出好片子，为什么自己不能，这也是我们需要学习的地方。有"巨人的肩膀"可以站，可以帮助自己少走弯路。可能有人会认为，这只是别人比自己多一些拍摄的技法而已。但所谓"技法"，恰恰是一个人在遇到问题时，从自身的知识体系中提炼出解决办法的能力。帮助读者获取这种能力，正是写作本书的初衷。

　　技法的养成与运用，离不开对基础入门知识的掌握，离不开多看"前人栽的树"，离不开自己的勤奋练习。在看他人的创作过程和摄影作品时，提升对"美"的把握能力；在练习的过程中，积累应对不同拍摄环境的方法；在学习摄影相关知识时，吸收他人已经实践成功的经验。

　　摄影之路有多个方向，最终走向什么样的风格什么样的题材，取决于我们的思想，取决于我们对艺术的认知。愿每一位读者都能通过学习与实践，最终形成自己的摄影风格。

摄影，既是一门技术，又是一门艺术。与很多门类不一样的是，摄影早已不仅是殿堂里曲高和寡的艺术，而且是人们追求美的载体。爱美之心，人皆有之。在数码单反相机已经普及的今天，很多朋友都用数码摄影来表达自己对事物的感知和对生活的感悟。但是，数码摄影绝不仅仅是知道光圈、快门、景深等术语就可以掌握的，需要勤学勤练，更需要从美学、从艺术表现等方面提高对摄影的认识水平，使自己的摄影功夫更上一层楼。借用武侠小说里的说法，如果说《数码单反摄影从入门到精通》是一本"内功心法"，那本书则是精妙的"套路与招式"。二者内外兼修，则可以成为不折不扣的高手。从数码摄影的角度来说，对快门、光圈、感光度、白平衡、景深、曝光补偿等术语的认知与掌握，是必修的基础，那掌握构图方式、光线运用、色彩控制等对情感表达的作用，则是成为高手的必经之路。

　　本书分为构图、用光、曝光、色彩和镜头5大部分，从这5个角度出发，详细介绍了在不同的拍摄场景中，在不同的表达需求下，对构图与用光的使用技巧，以及对曝光和色彩的控制，还非常全面深入地介绍了各种镜头的特点及其适用的拍摄题材。

　　本书吸纳了大量优秀的摄影作品——无论是气势磅礴的风光，还是细致入微的小品，无论是时尚个性的人像，还是引人入胜的生态，都堪称佳作。当然，这离不开摄影圈众多朋友的大力支持，其中包括摄影家李许林、郝有林、邹本义、徐滔、李伟光、徐忠东、张宇宁、姜振才、于会武、郭永新、任兵、吕小川、肖水莲、孔迪克、孙旭东，摄影师郭锐、朱玲、周文彦、孙连三、王鹏、丑兄、李静馨、商志利、孙壮、于伯阁、赵秋明、张运彬、李文、李建聪等。正因为有他们的辛勤付出，本书才更加精彩，在此表示致敬和感谢。

　　本书由神龙摄影团队编著，参与编写工作的有孙连三、王鹏、于丽君、孙屹廷等。本书内容经作者反复修改，力求严谨，但仍可能存在诸多不足之处，恳请读者批评指正。

构图原理与黄金法则

CHAPTER 2

风光构图

CHAPTER 3

人像构图

鸟类、动植物构图

CHAPTER 6

用光原理与黄金法则

CHAPTER 7

风光用光

CHAPTER 8

人像用光

CHAPTER 9

纪实用光

曝光篇

光盘目录

PART 1
摄影基本功训练实拍视频

PART 2

摄影实拍技法视频

2.1 拍摄人物的10个绝招

2.2 拍摄风光的10个绝招

PART 3

第3部分 十大经典人像布光视频

PART 4

器材使用技法视频

PART 5

专题现场实拍视频

PART 6

让照片更加清晰的秘诀视频

PART 7

摄影后期技法视频

PART 8

人像摄影后期调色实战视频

PART 9

摄影后期技法和人像摄影后期调色实战素材

构图篇

CHAPTER

1

构图原理与黄金法则

1.1 摄影构图从绘画而来

摄影诞生已经有100多年，经历了从最初的准确记录到成为一种艺术创作形式的过程。和有着数千年历史的绘画相比，摄影还显得相当年轻。但正是由于作为一种新的艺术形式所具有的传承经典、不断创新的活力，在构图方面，摄影走过了绘画艺术数千年才走过的道路。

摄影与绘画均是造型艺术中的门类，都属于平面上的空间艺术，都是用画面形象来反映生活和表达思想感情的。摄影的构图方式和绘画是相通的。画家与摄影家有一个共同的特点，就是在生活中挖掘美和提炼素材，用同样的艺术语言（点、线、面、明暗和色彩）来表达对生活的感受。

■《夜间的咖啡座》文森特·梵高■

■具有一定纵深感和颜色对比的作品■

■《播种者》文森特·梵高■

■具有一定颜色对比和动态平衡的作品■

要培养正确的构图意识，摄影者一开始可以学习和借鉴画家在绘画中运用的表现手法和构图方式来安排照片中的画面元素。事实上，每种画派每个画家所讲究的构图方式都不尽相同，国画和油画在创作中对于构图的认识和理解乃至实现方法也大相径庭。一般来说，对摄影艺术而言，油画的构图方法更具有参考价值。

■《加歇医生像》文森特·梵高■

■具有对角线构图形式的作品■

1.2 充分利用"黄金分割"和三分法

　　几个世纪以来，文艺复兴时期的建筑师、画家以及19世纪中期的摄影师都在使用一种 "黄金比例规则"进行构图。

■《拾穗者》弗朗索瓦·米勒■

■《苏格拉底之死》雅克·路易·大卫■

　　它是一种古希腊人发明的几何学公式，遵循这一规则的构图形式被认为是"和谐"的。

　　"黄金分割"的公式可以从一个正方形来推导，将正方形底边分成二等份，取中点x，以x为圆心，线段xy为半径作圆，其与底边直线延长线的交点为z点，这样将正方形延伸为一个长宽比例为8：5的矩形（$C：A = A：B = 8：5$，y^1点即为"黄金分割点"）。

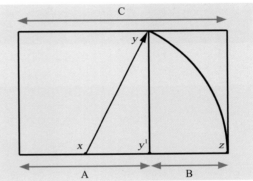

■ 光圈 F10 ■ 焦距 90mm ■ 感光度 100 ■ 快门速度 1/200s
■ 采用"黄金分割"构图法拍摄的室外人像

"三分法则"实际上是"黄金分割"的简化版,其基本目的就是避免对称式构图。在示意图C1和C2中,可以看到与"黄金分割"相关的四个点,用"十"字标示。

使用"三分法则"来避免死板的对称有两种基本方法:一种是如示意图C1所示,把画面划分成占据1/3和2/3面积的两个区域;另一种是将被摄主体置于如示意图C2中所示的一个"十"字点位置上,将观众的目光由此引导至整个画面。

■ 天空占据画面的2/3,草原和马占据画面的1/3 ■

- 光圈 F10　■ 感光度 100
- 焦距 98mm　■ 快门速度 1/320s
- 曝光补偿 −0.7EV

■ 示意图C1 ■

■ 主体位于与"黄金分割线"相关的一点上 ■

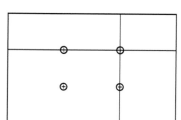

- 光圈 F11　■ 感光度 200
- 焦距 200mm　■ 快门速度 1/640s
- 曝光补偿 −1.3EV

■ 示意图C2 ■

1.3 突出主体元素的四把利剑

摄影是一门减法艺术,画面简洁是摄影构图最基本也是最重要的原则。要想让照片的主体具有最强的视觉冲击力,摄影者常常需要在杂乱无章的拍摄环境中,使用最简单和最直接的方式来表现最精彩的元素。接下来我们介绍四种最常见的实现"减法艺术"的构图方法。

首先,选择一个简单的背景,这样不会分散观众对画面主体的注意力。简单的背景是实现画面简洁、主体突出的最基本的方法。

■ 光圈 F9　　　■ 感光度 100
■ 焦距 50mm　 ■ 快门速度 1/160s

▪ 使用灰色的背景纸作为背景，突出表现人物的优美形态 ▪

■ 光圈 F2.8　　■ 感光度 100
■ 焦距 200mm　 ■ 快门速度 1/640s
■ 曝光补偿 −0.3EV

　　其次，利用长焦镜头和大光圈的作用来营造小景深的画面效果。景深减法的构图方式对拍摄形态特征与周围元素相似的拍摄对象最为适用。

▪ 利用200mm长焦镜头和大光圈F2.8得到的主体突出的画面 ▪

再者，利用广角镜头近大远小的透视变形关系，在保留了画面中所有环境元素的情况下，突出强化主体，使照片更加自然和富有现场感。在拍摄时，广角镜头的焦距越小，透视变形效果越强烈；摄影者距离要表现的物体越近，被摄主体就越突出，画面中的其他拍摄对象就越被弱化。

- 光圈 F4　　• 感光度 800
- 焦距 24mm　• 快门速度 1/500s

▪ 利用24mm广角镜头近距离拍摄，使主体与背面的模特形成强烈的对比 ▪

- 光圈 F5　　• 感光度 100
- 焦距 85mm　• 快门速度 1/80s

最后，通过阻挡减法的构图方式来实现简约画面和突出主体的良好效果。当拍摄现场的环境元素太过杂乱，拍摄主体又缺乏色彩和光线等方面的特质时，利用一个简单的前景将画面中无需呈现的内容遮挡起来，就可以实现很好的画面效果。

▪ 使用纱幔作为前景，使画面两侧的内容被遮挡，从而更加突出主体人物 ▪

1.4 摄影构图中对比元素的把握

对比强调的是画面元素之间的区别，在摄影构图过程中，要积极寻找在画面中能够产生强烈对比效果的元素（比如影调的对比、色彩的对比、形态的对比等），将它们纳入画面，以合适的比例进行安排，从而有效地增强画面的戏剧效果和视觉冲击力。

▪ 光圈 F11　　　▪ 感光度 200
▪ 焦距 138mm　▪ 快门速度 1/125s

▪ 利用大小对比，使画面具有很强的视觉冲击力 ▪

1.5 把握摄影构图的平衡

摄影构图的目的是针对拍摄场景，把握画面中的各项元素，把最优美、最丰富与最和谐的画面呈现给观赏者。构图的核心概念是平衡。平衡是张力的结果，是画面中具有影响力的两个对立面相互匹配，提供的均衡和协调的视觉感。照片的最终效果是否具有平衡感，是画面中的元素在整个构图过程中组合是否成功的重要评判依据。平衡的构图方式可以让观赏者感觉到心灵上的稳定与情感上的和谐，并最终对照片产生认同感。

▪ 城市建筑和其水中的倒影给人以宁静和平稳感 ▪　　　▪ 光圈 F6.3 ▪ 焦距 70mm ▪ 感光度 100 ▪ 快门速度 30s

1.6 不同视角带来的非凡感受

摄影者在进行摄影构图时，拍摄的角度不同，所得到的画面感觉也不相同。一般的摄影角度分为3种，即俯视、平视和仰视。俯视角度是指相机机位高于拍摄对象的拍摄角度，主要用于表现较为开阔的画面视觉感受；平视是最常用的视角，是指相机机位与拍摄对象齐平；仰视则是指相机机位低于拍摄对象的拍摄角度，用此角度进行摄影创作时，多采用广角或者中焦镜头，多用于表现景物高大的气势。

■ 光圈 F6.3 ■ 焦距 35mm ■ 感光度 100 ■ 快门速度 30s ■
■ 利用俯视角度表现美丽的城市夜景 ■

■ 光圈 F7.1 ■ 焦距 24mm ■ 感光度 100 ■ 快门速度 1/2000s ■
■ 利用仰视角度表现高大的城市建筑 ■

利用平视角度拍摄的室外人像，人物虚，信号灯实。

光圈 F4 ▪ 焦距 200mm ▪ 感光度 200 ▪ 快门速度 1/640s ▪ 曝光补偿 −0.7EV

光圈 F4 ▪ 焦距 200mm ▪ 感光度 200 ▪ 快门速度 1/250s ▪ 曝光补偿 −0.7EV

利用平视角度拍摄的室外人像，人物实，信号灯虚。

1.7 摄影构图中的线性表达

因为地平线的存在，水平线构图是风光摄影中应用最多的一种构图方式。水平线构图不仅是指应用于地平线的描绘，同时还包括所有呈现出横向线条的拍摄对象。水平线构图能够赋予照片左右方向上的视觉延伸感和广阔感，让画面显得稳定。在利用水平线构图的时候，摄影者要根据拍摄意图选择水平线在画面中的位置，以保证画面构图的准确。

▌1.7.1▐ 水平线构图

〔 光圈 F11 ▪ 焦距 45mm ▪ 感光度 200 ▪ 快门速度 1/500s ▪ 曝光补偿 −2EV 〕

▪ 利用水平线构图方式表现天地合一的草原广阔之美。▪

|1.7.2| 对角线构图

对角线是从画面中的一个角延伸至其相对角的直线。对角线构图实际上就是沿对角线方向，将画面分割成两等份，使画面产生一种不稳定的均衡效果。因此，对角线构图是一种很强调方向性的构图方式，它在画面中不仅能给观者一种力量感和方向感，而且还能增强主体本身的气势和画面的整体冲击力。

光圈 F8 • 焦距 100mm • 感光度 800 • 快门速度 1/125s

通过把主体安排在对角线上来吸引观赏者的视线。

|1.7.3| 垂直线构图

垂直线象征着坚强、庄严、有力。总体来说，在摄影构图方面，自然垂直线要多于横线，如树木、电杆、柱子，等等。在构图效果上，垂直线构图要比横线构图更富有变化和韵律感，如对称排列透视、多排透视等都能产生意想不到的效果。

光圈 F5.6 • 焦距 18mm • 感光度 100 • 快门速度 1/4s

利用垂直线构图方式表现树木的高大挺拔。

1.7.4 │ 曲线构图

　　曲线构图包括规则曲线构图和不规则曲线构图。曲线象征着柔和、浪漫、优雅，会给人一种非常美的感觉。在摄影构图中，曲线的应用非常广泛，如人体摄影，其主要是呈现人体的曲线美。曲线的表现方式是多种多样的，摄影者在运用曲线构图的过程中，要注意曲线的总体轴线方向。可以综合运用对角式、S式、横式、竖式等。当曲线构图和其他构图方式综合运用时，更能突出效果，但把握的难度会更大。

■ 光圈 F2.8 ■ 焦距 85mm ■ 感光度 800 ■ 快门速度 1/60s

■ 清晰地展现了模特 "S" 形的曲线美，优雅迷人。

1.7.5 放射线构图

放射线构图是一种能够表现出开放性、跃动感以及高涨气氛的构图方式。此构图方式在表现光线或者树木等物体时比较常见。放射线构图方式比较抽象，需要摄影者仔细观察才能够实现。一般来说，放射线构图的线性方向主要是由某个集中点开始，向上、下、左、右等方向伸展开来，以表现出舒展的开放性和一定的力量感。

- 光圈 F13　- 感光度 320
- 焦距 16mm　- 快门速度 1/60s
- 曝光补偿 +0.7EV

- 使用小光圈，利用放射线构图方式表现太阳光芒万丈的开放性形态 -

1.7.6 汇聚线构图

汇聚线是指画面中向某一点汇聚的线条，其可以是实实在在的实体线，也可以是一种视觉上抽象的线条。汇聚线在画面中能够强烈地表现出画面的空间感，使人在二维的平面图片中感受三维的立体感。在画面中汇聚的线条越密集，透视的纵深感也就越强烈。由于广角镜头可以产生近大远小的透视效果，此时通过调整镜头的焦距，选取适当的拍摄角度，可以实现更强烈的透视效果。在拍摄人物或者其他主体时，可以考虑把主体放在汇聚线的中心位置上，从而起到一定的视觉引导作用，达到一种"迫使欣赏者不得不看"的效果。

- 光圈 F6.3　- 感光度 100
- 焦距 17mm　- 快门速度 1/1000s

- 所有的树干都向中心处汇聚，从而形成了向中心聚集的力量感，以吸引观者的视线 -

1.8 摄影构图中的形体表达

1.8.1 三角形构图

三角形是一个均衡、稳定的形态结构，摄影者可以把这种结构运用到摄影构图中。

三角形构图分为正三角形构图、倒三角形构图、不规则三角形构图和多个三角形构图。正三角形构图能够营造出画面整体的安定感，给人以稳定、无法撼动的印象；倒三角形构图则给人一种开放性及不稳定性所产生的紧张感；不规则三角形构图自然、灵活、变化无穷；而多个三角形构图则能表现出热闹的动感，多用于溪谷、瀑布、山峦等场景的拍摄中。

在三角形构图过程中，还有一种情况就是利用画面中的三角形态势来表现主体。这种三角形构图方式是一种视觉感应方式，有由形态形成的，也有由阴影形成的。如果是自然形成的线形结构，则可以把主体安排在三角形斜边的中心位置上，但只有在拍全景时效果最好。另外，三角形构图方式可用于不同场景的摄影，比如远景、中景、近景人物以及特写等。

- 光圈 F2.5   - 感光度 100
- 焦距 50mm   - 快门速度 1/200s

- 模特身体前倾，形成不规则的三角形，为画面带来了强烈的动感效果 ▪

|1.8.2| 框式构图

　　框式构图一般多应用在画面的前景中，例如，利用门、窗、山洞口、框架等作为前景来衬托主体，阐明环境。这种构图形式比较符合人们的观赏经验，观赏者可以透过门或窗来观看影像，从而产生更强烈的现实空间感和一定的透视效果。

> ▪ 光圈 F2.8 ▪ 焦距 24mm ▪ 感光度 100 ▪ 快门速度 1/640s

> ▪ 利用框架结构，很好地强调了作品的主体，突出了画面的形式感 ▪

|1.8.3| 隧道式构图

隧道式构图一般是指那些周围很暗、中央很亮的画面构图，它可以给人带来集中感和沉稳感。隧道式构图方式一般用于表现悬崖、隧道、高大建筑物等能够产生强弱对比、具有集中感的物体。

• 光圈 F5.6 • 感光度 250
• 焦距 50mm • 快门速度 1/2s

▪ 使用隧道式构图表现正在隧道中的铁路上提着旅行箱行走的人，给观者以强烈的视觉冲击力 ▪

|1.8.4| 棋盘式构图

棋盘式构图主要是指同一属性的物体以一种重复统一的形式让画面产生一种优美的韵律感和统一感，一般适合表现山峦以及大片的花卉、森林等有一定规律的物体。

• 光圈 F8 • 感光度 100
• 焦距 200mm • 快门速度 1/200s
• 曝光补偿 −1.3EV

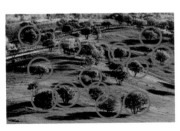

▪ 以点状排列的树木更能呈现出草原的广袤，采用棋盘式构图增添了画面的活力和动感 ▪

CHAPTER

2

风光构图

2.1 拍摄日出日落的常见构图方法

日出日落伴随着每天的清晨与黄昏，此时光线柔和，色彩丰富、多变和温暖，是摄影人最喜欢追逐的时刻。

2.1.1 三分法构图——多彩晨曦

在风光摄影构图时，我们常常会遇到如何在画面中安排地平线的位置的问题。确实，地平线位置的合理安排与突出主体、加强视觉冲击力以及平衡画面的构图都有直接的关系。

右侧这幅作品运用三分法构图，将水平线抬高，放置于画面上方1/3处。采用低机位拍摄，尽可能多地框取近景的水面和石块，营造出强烈的空间立体感，同时借助清晨的满天彩霞渲染画面气氛，将视觉感受推向高潮。

- 光圈 F10 · 焦距 21mm · 感光度31 · 快门速度 189s

2.1.2 对称式构图——海上晨光

右侧这幅作品运用对称式构图，将海平面分成近似二等份，同时十分注意画面元素的布置与安排，围绕着海平面的渔船、拾海人、海鸥，它们彼此呼应，使画面结构稳定、内容丰富。同时海滩上的几条斜线，光影交错，活跃了画面。

- 光圈 F11　· 感光度 125
- 焦距130mm · 快门速度 1/500s
- 曝光补偿 −1EV

| 2.1.3 | 九宫格构图——绚丽晨光

　　下面这幅作品运用九宫格构图法，将清晨光芒四射的太阳置于接近黄金交会点的位置，使原本红光万丈的太阳更加醒目耀眼。同时画面十分重视远、中、近景的布置，将近景翠绿的山坡、中景奔流的瀑布、远景广袤的平原井然有序地呼应排列，给人一种强烈的视觉延伸感和空间立体感。而阳光映射中的大朵红云无疑为画面锦上添花，浓墨重彩般地渲染了画面主题。整个画面气势恢宏，有动有静，给人一种宽广畅怀的思绪表达。

[▪ 光圈 F14 ▪ 焦距 17mm ▪ 感光度 50 ▪ 快门速度 1/8s]

　　右侧这幅作品，重点表现的是黎明前的曙光和光芒映射下的城堡以及岸边的雾凇美景。因此，在构图时运用九宫格构图法，将城堡置于交会点附近，同时选择将地平线的位置降低，以减少地面的面积，扩大天空的范围，重点突出天空的广袤以及天边亮光的遥远，增强画面中晨光微曦带来的神秘感。

[▪ 光圈 F14　　 ▪ 感光度 200
▪ 焦距80mm　▪ 快门速度 1/13s
▪ 曝光补偿 −1.67EV]

| 2.1.4 | 九宫格构图——夕阳踏歌

日落景象有时会给人一种淡淡的忧伤与荒凉，沙漠的日落更是让人思绪万千。左侧这幅作品在运用三分法构图的基础上，将落日置于黄金分割交会点附近，倾斜的沙丘线、驼队的动感及韵律节奏，有效地生动了画面，同时落日的光芒画龙点睛般点亮画面，使原本荒凉孤独的画面意境增添了些许温暖。

- 光圈 F13 　• 感光度 125
- 焦距60mm • 快门速度 1/640s
- 曝光补偿 −2EV

拍摄夕阳时，可以试着将前景的景物拍得更大一些，在构图中融入夕阳西沉的感觉，给人沉静的印象。橘红色的天空部分推荐使用欠曝来表现。下面这幅作品同样是在采用三分法构图抬高水平线的同时，将晚霞中的落日置于黄金分割点附近，几欲坠地的太阳映红了整片天空和水面，悠然的牛群漫步其间，整个画面使人仿佛置身于美丽的世外桃源。

• 光圈 F6.3 • 焦距 70mm • 感光度 200 • 快门速度 1/160s • 曝光补偿 −0.67EV

| 2.1.5 | 居中式构图——落日生辉

除了表现较大的场景，拍摄落日还可以把太阳作为表现对象，细腻地刻画具有意境的小景。以右侧这幅作品为例，使用广角镜头拍摄，以树木为主体，将太阳安排在画面的中央，采用小光圈拍摄的太阳星芒闪烁，富有活力，同时逆光拍摄下的树叶晶莹透亮，生机勃发，折射在地面的细长树影又为画面增加了空间立体感。

下面这幅作品同样将太阳置于画面中央，采用剪影的拍摄技法，勾勒突显出仙鹤的优雅身姿；同时在拍摄时借助长焦镜头压缩空间的特点，使太阳与仙鹤融为一体，更增添了画面的神秘气息。此时以太阳周边的红色天空作为测光基准，所以太阳内部的曝光有些过度，但这并不影响整体效果的表达。太阳不仅和天空形成了一定的层次，同时与仙鹤的黑色剪影形成了一定的对比效果。

[▪ 光圈 F22 ▪ 焦距 21mm ▪ 感光度 100 ▪ 快门速度 1/40s ▪ 曝光补偿 −0.67EV]

[▪ 光圈 F6.3 ▪ 焦距 180mm ▪ 感光度 100 ▪ 快门速度 1/80s ▪ 曝光补偿 −1.67EV]

2.2 拍摄晚霞晨光的常见构图方法

无论是朝霞还是晚霞，对于摄影人来说都是极具吸引力的美丽天象。当太阳从东方地平线上冉冉升起或即将西沉于地平线之下时，对天空中的云层低角度的弱光映射，便会在天空中产生绚丽多彩的霞光，这就是朝霞和晚霞形成的原因。通常拍摄朝霞和晚霞的最佳地点之一是海边，那么采用何种构图方式才能把海边的风景融入到画面中，使画面看起来更加美丽？

2.2.1 水平线构图——暮色晚霞

由于太阳西沉的速度一般比较慢，因此拍摄晚霞的时间相对比较充分，可以细致地进行选景和构图。下面这幅作品采用水平线构图方式，描绘华灯初上、彩云满天的暮色海湾，画面色彩绚丽而不失真实，慢速快门既营造了云霞的流动感，也使冬日的海面更加缥缈。在拍摄此类题材时，应选择灯光亮部进行测光，然后加1挡以内的曝光补偿即可，这样可以保证亮部不会过曝溢出，同时暗部的信息也可以有效还原。当然，如果碰到例图这样明暗反差过于强烈的情况，应首先确保亮部区域不过曝，牺牲少量不影响整体画面效果的暗部细节，这样反而更真实地还原出现场的环境气氛，明暗烘托、影调过渡也更加真实自然。

▪ 光圈 F8 ▪ 焦距 24mm ▪ 感光度 200 ▪ 快门速度 8s

| 2.2.2 | 三分法构图——对影成双醉夕阳

不同的构图方式，产生的画面效果也不一样。以下两幅作品都使用了广角镜头，运用水平线构图法进行拍摄。但是两幅作品在水平线的安排上不同，从而产生的画面效果也不同。

左侧这幅作品选择把地平线放在画面下方1/3区域处，天空占据的面积较大，在视觉上给人一种海阔天空的舒展感，同时天边那抹红橙相间的晚霞映满了整个海面，使画面显得非常温暖，一幅落日醉霞的生动场景跃然于画面。

- 光圈 F20　- 感光度 31
- 焦距21mm　- 快门速度 3s
- 曝光补偿 −0.67EV

下面这幅作品则选择把水平线放在靠近画面上方1/3的区域处，为了增强画面的空间纵深感，安排海面所占的画面面积较大，同时将海岸上的礁石纳入画面，并采用远近对比的手法，使礁石与观景亭相互呼应，海面反射的彩霞余晖与海面的水平线结合构图，增强了画面的观赏性。

- 光圈 F20 - 焦距 21mm - 感光度 31 - 快门速度 8s - 曝光补偿 −0.67EV

2.2.3 | 三角形+曲线构图——山谷破晓

右侧这幅作品借助山体的轮廓造型，运用三角形构图法展示山峦叠翠、四平八稳之势，同时将蜿蜒的河流、小路纳入画面，形成曲线构图，增强了画面的延伸感。还没有露面的太阳正努力地从厚厚的云层中拨开一道裂缝，光线从裂缝中散射下来，下方是沉寂了一晚的河岸人家，被清晨的光线唤醒，给人一种黎明破晓、万物复苏之感。

· 光圈 F10 · 焦距 50mm · 感光度 100 · 快门速度 1/125s

2.2.4 | 垂直线+放射线构图——洒落的晨光

下面这幅作品主要是通过笔直的树木进行垂直线构图，同时利用洒入树林、呈放射状的太阳光线共同描绘出清晨刚刚苏醒的森林美景。画面利用树影与洒进的阳光进行明暗对比，营造出神秘而充满希望的画面效果。

· 光圈 F6.3 · 焦距 50mm · 感光度 200 · 快门速度 1/50s · 曝光补偿 -0.7EV

2.3 拍摄天空和云的常见构图方法

天空和云都是风景摄影中不可缺少的元素，有时候云的形状会很奇特，使人产生遐想。

│2.3.1│ 形态法构图——云飞九天

左侧这幅作品对天空中的彩云作出了强调，画面中天空占据了大部分。摄影者通过手中的长焦镜头，采用横幅构图的方式，对具有独特形状和抽象意义的云进行了一定角度的刻画。画面中的云以曲线的形式从远处盘旋而出，仿佛一条巨龙冲向云霄，极具视觉冲击力。

- 光圈 F11   - 感光度 200
- 焦距 125mm - 快门速度 1/320s

│2.3.2│ 三分法构图——风云际会

下面这幅作品运用三分法构图，使蓝天白云占据了画面的2/3。由于采用广角镜头拍摄，画面的空间纵深感强烈，升腾的大片云朵仿佛从地面升起一般，给人极强的视觉冲击力。点缀其中奔驰的骏马更加具有点睛作用，表达出草原天地辽阔、任人自由驰骋的豪情壮志。

- 光圈 F8 - 焦距 16mm - 感光度 200 - 快门速度 1/640s - 曝光补偿 +0.7EV

右侧这幅梵•高的油画《星空》，非常具有观赏性和记录价值。星月之夜，梵•高将自己深埋在灵魂深处的世界，画中的星云与棱线宛如一条巨龙不停地游动，暗绿褐色的柏树像一股巨形的火焰，由大地的深处向上伸展；所有的一切似乎都在回旋、转动和摇摆，在夜空中放射出绚丽的色彩。这幅名画，表达了压抑的感情，画面构图经过精确的计算。画中以树木衬托天空，以获得构图上微妙的平衡。从这一点就可明白情感的表达绝非光靠激情就可以做出来的。

同样地，下面这幅摄影作品无论是从构图的方式、色彩的运用还是情感的表达，都可以说是匠心独具。首先从构图上来说，天空占据画面约2/3的面积，海边的高楼、灯光和海面占据画面约1/3的面积，高楼的黑色阴影衬托着迷幻的天空，马路上的车灯轨迹所呈现出的C字形曲线构图活跃了整幅画面。摄影者选择21mm的焦距，全景式地记录城市夜幕的绚丽多姿，充分地表现了海岸夜景由近及远的关系和不同物体由大到小的对比。从曝光上来讲，选择小光圈F22、20s的快门速度以及ISO值为31，不仅能够得到星状灯光、车流轨迹的效果，为夜景增添魅力，更重要的是，拍摄出了天空云层的流动感，活跃了整个画面，极富视觉冲击力。在情感的表现上，虽然天空给人一种流云飞逝之感，但是作品想表达的意义不同于梵•高的《星空》，而是给人一种温暖、和谐、希望之感。

[▪ 光圈 F22 ▪ 焦距 21mm ▪ 感光度 31 ▪ 快门速度 20s ▪ 曝光补偿 −0.67EV]

| 2.3.3 | 放射线构图——漫天飞舞

下面的这幅作品将主体树木置于画面的中心位置，给人平稳安定的感觉，同时借助天空中呈放射状的流云，制造出动感。画面中一动一静的结合，展现出树木生长的蓬勃之势，使人印象深刻。拍摄时采用侧光角度取景，将树影纳入画面，很好地衬托出画面的真实感与空间立体感。

[▪ 光圈 F14 ▪ 焦距 21mm ▪ 感光度 64 ▪ 快门速度 1/250s ▪ 曝光补偿 –1EV]

右侧这幅作品主要是以红顶小屋为拍摄主体，利用广角镜头近距离拍摄，夸张地表现出小屋的膨胀感；同时把蓝天作为画面背景，加上缥缈四散的云作为点缀，整个画面给人身临其境的现场感。画面中蓝色、红色、绿色的色彩搭配和谐，远处露出一半的小屋半遮半掩，与近景的小屋呼应。同时，风车、海湾很好地交代了拍摄环境，有效地增加了画面的空间立体感。

[▪ 光圈 F13 ▪ 感光度 200
▪ 焦距24mm ▪ 快门速度 1/640s
▪ 曝光补偿 –0.33EV]

左侧这幅作品主要是运用放射线构图来表现光线透过云层照射草原的情景。近景绿色的草原以及远处山丘的起伏，表现出草原的生机与绵延，画面的色调整体偏暗，却给人一种乌云遮不住阳光的感觉。

[▪ 光圈 F7.1 ▪ 焦距 115mm ▪ 感光度 400 ▪ 快门速度 1/320s]

下面这幅作品是采用逆光方式拍摄的。在构图方面，运用对称式构图将水平线压低，同时利用广角镜头将近处的礁石纳入画面，采用低角度拍摄，营造出画面纵深感强烈的远近对比效果；云层以太阳为中心，呈放射状向四周散开，云层后的太阳蓄势待发，给人力量汇聚，即将喷薄而出的期待，显得张力十足。在曝光方面，采用小光圈拍摄，保证了画面前后清晰的景深效果。

[▪ 光圈 F7.1 ▪ 焦距 16mm ▪ 感光度 50 ▪ 快门速度 1/30s]

2.4 拍摄大海的常见构图方法

　　拍摄海上风景，最常用的构图方式就是水平线、三分法构图，根据画面元素比例放置水平线，就会得到具有平衡感的构图，当然曲线构图的应用也是经常用到的。

2.4.1 水平线构图——多姿多彩的海岸线

　　下面这幅作品采用高角度视角拍摄，并使用长焦镜头营造出空间压缩感，画面中碧蓝的海水与金色的沙滩形成强烈的冷暖色彩对比，白色的涓涓细浪，层层叠叠，富有动感。最为出彩的要数近景白雪覆盖的沙滩上的那一对惬意悠闲的彩色小船，很好地起到了点睛的作用，仿佛一对恋人在轻吟低唱，活力十足。

▪ 光圈 F8 ▪ 焦距 200mm ▪ 感光度 200 ▪ 快门速度 1/640s

[▪ 光圈 F22 ▪ 焦距 24mm ▪ 感光度 160 ▪ 快门速度4s ▪ 曝光补偿+0.5EV]

通过下面这幅作品，我们可以充分地感受到扬帆海上的欢乐与激情。作品选择把海平线放在画面的中间位置，使用长焦镜头压缩空间，将海上邮轮与起舞的海鸥定格。游船上的人们形色各异，同时与飞翔的海鸥相映成趣，散发出一种"群鸥相伴，难舍别离"的意境。

[▪ 光圈 F8 ▪ 焦距 180mm ▪ 感光度 200 ▪ 快门速度 1/125s]

| 2.4.2 | 三分法构图——海上落日船影

右侧这幅作品运用三分法构图，将取景重点放在海面光束照耀在出海打渔人身上的精彩瞬间。曝光时，将测光点对准海面最亮处，获得海面光照的准确曝光，让海面四周较暗，正是这种明暗之间的对比影调，强烈地烘托出海面光束的光影效果，增强了画面意境，而剪影中摇船夫姿态舒展，恰如其分地升华了落日余晖船儿摇的表现主题。

[▪ 光圈 F22 ▪ 感光度 100]
[▪ 焦距21mm ▪ 快门速度 1/320s]
[▪ 曝光补偿 −1EV]

右侧这幅作品同样是以三分法构图的形式表现，与上幅作品不同的是将水平线上移至画面上方1/3处。清晨的暖阳照耀着寂静的海湾，阳光的暖橙色与海面的冷蓝色冷暖交汇，给人以强烈的视觉对比，特别是洒在礁石上的那抹阳光，给秋日微寒的海面带来了温暖与希望。这幅作品采用广角镜头拍摄，将近景的礁石纳入取景，采用近大远小的对比着力表现画面的空间延伸感。

[▪ 光圈 F11 ▪ 焦距 21mm ▪ 感光度 31 ▪ 快门速度 35s ▪ 曝光补偿 −1EV]

| 2.4.3 | 垂直线构图——极简风格的画面意境

右侧这幅作品运用垂直线构图的方法，营造出简约写意的风格。画面中的竹竿倒影与真实的竹竿浑然一体，别有趣味。左上角点缀的渔舟与竹竿遥相呼应，改善了画面的单一感。整个画面给人悠长深远的想象空间，可谓是寥寥数笔，勾勒出满满的意境。

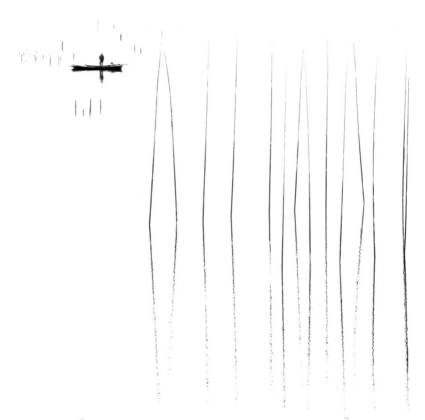

[▪ 光圈 F8 ▪ 焦距 260mm ▪ 感光度 1000 ▪ 快门速度 1/400s]

2.4.4 曲线式构图——弯弯的海滩

右侧这幅作品，采用高机位俯拍，利用长焦镜头压缩空间的特性，表现夏日海滩的拾海乐趣。构图上采用大S曲线贯穿整个画面，为画面增添了一份灵动气息，同时将两个拾海人以对角线的形式安排于两个对角，画面平衡，立体空间效果强烈。整个画面上构图简约，弯腰拾物的人和走路的人，不同的姿态表现丰富了画面语言，夏日的悠然自得跃然而出。

- 光圈 F8 　 - 感光度 200
- 焦距 135mm 　 - 快门速度 1/400s

表现海岸线的优美弧形，需要充分利用广角镜头和选择一个最佳位置。左侧这幅海滩作品运用C形曲线构图，以较低的拍摄机位，由近至远，五彩斑斓的沙滩石块和轻若薄纱的海面水浪以及暖阳照耀的建筑物形成呼应，共同营造出温暖、梦幻的落日美景。

- 光圈 F20 　 - 感光度 31
- 焦距21mm 　 - 快门速度 175s
- 曝光补偿 −0.33EV

左侧这幅作品采用高机位长焦镜头俯拍，充分地利用海上波浪层层叠叠的曲线效果，营造出动感的画面效果。画面整体色彩夸张，将洒满阳光的海滩调成金黄色，既有金光灿灿的美好希望之意，同时又暗喻了海滩养殖的丰收愿景。值得一提的是，画面中点缀的人物，张网行进，好似曲线波浪上的音符，隐约奏响了金色的旋律。

- 光圈 F11
- 焦距 260mm
- 感光度 400
- 快门速度 1/500s

| 2.4.5 | 棋盘式构图——海上种植园

左侧这幅作品同样采用高机位拍摄，所定格的拍摄对象更具体，构图上借助一处处围起的养殖带以棋盘式的构图方式呈现出一派繁荣景象。低角度的侧逆光营造出遍地开花的光影效果，阳光与海面、渔网彼此融洽，构成了一幅光影交错的美丽画卷。九宫格交汇点附近的渔船，以小映大，尽显海面滩涂种植的宏大场景，起到了很好的呼应反衬作用。

- 光圈 F11
- 焦距 70mm
- 感光度 200
- 快门速度 1/500s

[光圈 F14 · 焦距 17mm · 感光度 50 · 快门速度 1/8s]

2.5 拍摄瀑布的常见构图方法

"飞流直下三千尺"，古人的诗句很好地诠释出瀑布的壮观磅礴之势。表现瀑布，可以采用高速快门定格飞瀑汹涌滔天的瞬间之势，也可以采用低速慢门表现瀑布涓涓细流、丝滑如缎般的低声细语。

│2.5.1│垂直线构图——飞流直下

要表现瀑布的落差感和恢宏的气势，最简单的方法就是充分利用瀑布向下的水流进行垂直线构图。下面这幅作品是用中长焦镜头拍摄的，利用较慢的快门速度表现瀑布如丝绸般顺滑的水流效果，在画面布置上独具匠心地保留瀑布左侧的绿色植物与右下角的红色人物相呼应，避免了画面的单一与乏味，使画面更加灵动和富有生机，给人如梦如幻的美感。

［▪光圈 F22 ▪焦距 75mm ▪感光度 200 ▪快门速度 1/10s ▪曝光补偿 +0.7EV］

2.5.2 | 运用前景——溪水清流

右侧这幅作品大面积地利用绿色枝叶作为前景，有效地平衡了画面中岩石、溪水、枝叶三者间的空间比例关系，共同营造出绿意掩映中的溪水清流，仿佛诉说着春日里的浪漫情怀，给人以清新自然的视觉享受。

▪ 光圈 F18　▪ 感光度 100
▪ 焦距 62mm　▪ 快门速度 1/10s

2.5.3 | 三角形构图——山间流淌

培养找出风景中潜在三角形的眼光非常重要。当摄影者靠近瀑布拍摄水流时，在水流中找到三角形或者远近法构图，并通过运用慢速快门来表现水流的柔软，可以说是最佳的拍摄方式之一。下面这幅作品是通过横幅构图方式拍摄的，画面具有一定的高度感和远近感；由于岩石的作用，上方的水流在中间部分开，呈三角态势顺流而下；慢速快门的作用以及分散的暗色岩石与白色的水流所形成的色调对比，使水流更加具有跃动感和立体感。

▪ 光圈 F11 ▪ 焦距 17mm ▪ 感光度 200 ▪ 快门速度 1.3s

2.5.4 曲线式构图——流淌的丝滑

当溪水顺着形状各异的岩石流动时，总会在形态上发生一些变化。左侧这幅作品中的溪水顺着岩石流下，形成一定的弧度和散落感，拍摄上使用慢速快门使流淌的溪水似绸缎般柔滑，近景与远景以对角线的方式呼应，使画面层次感突出，而岩石附近的绿色小植物，起到了一定的修饰和点缀作用，整个画面和谐温馨，给人以清爽的享受。

▪ 光圈 F22 ▪ 焦距 18mm ▪ 感光度 100 ▪ 快门速度 2s

2.5.5 对角线构图——清泉石上流

要拍摄溪流，就要学会利用地形进行构图，并用慢速快门来表现溪流如丝般顺滑的线条。下面这幅作品主要是利用溪流旁边的岩石和树木进行对角线构图，溪水从画面的右上角顺势向左下角流动，横幅构图更加突出了溪水的奔流气势。另外，色彩饱满的岩石和树木，跟白绸一样顺滑的溪流形成一定的对比，更好地描绘了溪流的姿态。

▪ 光圈 F11 ▪ 焦距 24mm ▪ 感光度 100 ▪ 快门速度 0.4s ▪ 曝光补偿 +0.67EV

2.6 拍摄沙漠的常见构图方法

"攀登高峰望故乡，黄沙万里长，何处传来驼铃声，声声敲心坎"，美好的歌词是对沙漠的真实写照。一望无际的空旷，轻沙扬起，伴随着阵阵的驼铃声，描绘出大漠荒烟的别样风情。

2.6.1 | 三分法构图——夕阳驼影

下面这幅作品将画面分为三等份，主体放在画面上方的1/3处，同时借助沙丘的轮廓线，以略带倾斜的构图方式来表现大漠深处踏步而来的阵阵驼铃声。拍摄角度上采用侧逆光拍摄，勾勒出具有剪影效果的沙漠驼队。由于拍摄时间在傍晚，阳光不强，因此洒在沙漠上的光线非常柔和温暖，整个画面的明暗影调过渡十分和谐。当然，画面中的点睛之笔，还要数洒落在骆驼毛皮上暖暖的轮廓光以及轻轻扬起的沙尘，准确的光线描绘让人印象深刻。

[▪ 光圈 F8 ▪ 焦距 70mm ▪ 感光度 200 ▪ 快门速度 1/250s ▪ 曝光补偿 −2EV]

右侧这幅作品同样采用和上幅作品一样的三分法构图，只是方向有所改变，沙漠约占画面的1/3，天空约占画面的2/3。拍摄时采用低角度侧逆光拍摄，充分利用沙漠与蓝天的冷暖对比强化画面冲击力，微微倾斜前行的驼队，增加了画面的动感，由于是下午两点时拍摄，阳光强烈，画面的明暗光影过渡不是十分理想，却真实地刻画了烈日炎炎下沙漠的特征。

[▪ 光圈 F11 ▪ 焦距 20mm ▪ 感光度 100 ▪ 快门速度 1/500s ▪ 曝光补偿 −1EV]

2.6.2 斜线式构图——沙漠驼影

下面这幅作品别出心裁地将镜头对准行进中的骆驼的影子，构图上采用斜线构图，突出表现了行进中"动"的特点，同时使骆驼长长的影子占据了大半个画面，给人极强的视觉冲击力。整幅作品意境深远，给人丰富的想象空间。

[▪ 光圈 F4 ▪ 焦距 24mm ▪ 感光度 200 ▪ 快门速度 1/400s]

2.6.3│曲线式构图——动感沙丘

拍摄沙漠最常见的构图方式是借助沙丘的形状进行曲线构图，左侧这幅作品利用侧光的拍摄角度，可以看到画面中出现了以曲线形式存在的阴影。这种利用明暗交叉对比的构图方式生动灵活，使得原本平淡的画面变得意味深长。

- 光圈 F13 ·感光度 200
- 焦距75mm ·快门速度 1/500s
- 曝光补偿 −1.67EV

2.6.4│棋盘式构图——大漠荒烟

下面这幅作品采用全景式大场景的方式表现沙漠的荒凉壮观。作品采用侧光拍摄，借助阳光洒落在起伏的沙丘上形成的大大小小、连绵不绝的光与影，以棋盘式的构图方式表现主题。同时将行走的驼队纳入画面，以小见大，升华了拍摄主题。

- 光圈 F6.3 · 焦距 70mm · 感光度 200 · 快门速度 1/200s

▪ 光圈 F11 ▪ 焦距 120mm ▪ 感光度 200 ▪ 快门速度1/100s

2.7 拍摄山川河流的常见构图方法

山川河流是日常拍摄中最常遇到的拍摄题材之一。山的形态多种多样，有的平缓相连，有的高大险峻，有的独立秀美。而水绕山转，或湍急或平缓，既有奔腾滔滔之势也有柔情蜜意之美，正是这千姿百态，给人们留下了许多美好的回忆。

2.7.1 垂直线构图——云雾缭绕

左侧这幅作品主要是借助山崖林立的造型，运用垂直构图营造出云雾缥缈、如仙境般的美丽画面。画面中远处的山体因云雾缭绕而若隐若现，有效地增强了张家界山石的神秘气息。

[▪ 光圈 F5.6 ▪ 焦距 70mm ▪ 感光度 200 ▪ 快门速度 1/125s ▪ 曝光补偿 −1EV]

2.7.2 斜线式构图——表现山体细节

左侧这幅作品另辟蹊径，将镜头对准山体局部，运用斜线构图法拍摄波浪起伏的山体，构成富有动感的画面。值得一提的是，作品通过捕捉几处光线的洒落，避免了画面的平淡。

[▪ 光圈 F11 ▪ 焦距 195mm ▪ 感光度 200 ▪ 快门速度 1/125s ▪ 曝光补偿 −0.67EV]

右侧这幅作品同样运用斜线构图法，刻画山体的棱线。不同于上幅作品的光影描绘，这幅作品充分利用山谷中的云雾蒸腾，同样拍摄出明暗对比、若隐若现的效果，整个画面云山雾绕，给人窥一孔而知全貌的想象空间。

[▪ 光圈 F7.1 ▪ 焦距 200mm ▪ 感光度 100 ▪ 快门速度 1/100s]

| 2.7.3 | 三角形构图——万峰林立

下面这幅作品以全景视野，运用三角形构图法，采用侧逆光的拍摄角度，借助阳光洒射下的光线勾勒出奇妙的山体轮廓。画面明暗对比强烈，其中蜿蜒的河流给画面注入了生命。整幅作品磅礴大气，给人一种心胸开阔的舒展。

[▪ 光圈 F10 ▪ 焦距105mm ▪ 感光度 200 ▪ 快门速度 1/125s]

| 2.7.4 | 三角形+斜线式构图——雪山草原

右侧这幅作品借助远处的三角形山体以及近处的草原斜坡，运用三角形+斜线构图法呈现出一幅高山雪岭下草原茂盛的景象。迎面奔驰而来的骏马无疑给画面增添了生动的一笔。整个画面集稳定与动势为一体，相得益彰，大气唯美。

[▪ 光圈 F8 ▪ 焦距 130mm ▪ 感光度 200 ▪ 快门速度 1/2000s ▪ 曝光补偿 −1.33EV]

| 2.7.5 | 三角形+波浪式构图——层峦叠嶂

右侧这幅作品是拍摄连绵山势最常见的场景。作品有效地把握了山体自身的三角形，以波浪式构图描绘出层峦叠嶂的山岭秀色，山梁上的云雾为画面增添了仙境之韵，同时近景人物的点缀，以小见大，更显山势的雄伟壮观。

[▪ 光圈 F11 ▪ 焦距 120mm ▪ 感光度 31 ▪ 快门速度 1/5s]

| 2.7.6 | 九宫格构图——江面渔歌

右侧这幅作品拍摄于黄昏的江面，构图上采用九宫格构图法，将主体撒网的渔船置于画面左上角的黄金分割点，使其视觉上显得突出。江面雾气袅袅，在阳光的折射下透着温馨的暖意，加上人物撒网的优美身姿，使整个画面给人以温馨恬静的舒适感。

▪ 光圈 F8 ▪ 焦距 120mm ▪ 感光度 200 ▪ 快门速度 1/60s ▪ 曝光补偿 −1.3EV

| 2.7.7 | 大小对比+留白——雾漫河岸

通常画面的留白可以营造出"无声胜有声"的意境，正如右侧这幅作品，构图上运用大小对比、留白的方式，营造出雾气江面的恬静。远景河岸的树木若隐若现，近景船只排列整齐、角度略斜很有蓄势待发之感；中景孤舟一叶，传递出淡淡的忧思。整个画面给人强烈的意境朦胧之美。

▪ 光圈 F18 ▪ 焦距 23mm ▪ 感光度 100 ▪ 快门速度 1/25s ▪ 曝光补偿 +1EV

2.7.8 | 曲线式构图——河道弯曲

下面这幅作品，以曲线构图的形式再现了暮色中老牛湾的恢宏气势，天空中滚滚的云朵翻腾而来，阳光洒落的石壁赤红一片，让整个画面显得十分有气魄，同时近景杂草的安排，有效地平衡了画面，加强了画面的空间立体感。

[▪ 光圈 F11 ▪ 焦距 45mm ▪ 感光度 100 ▪ 快门速度 1/250s]

左侧这幅作品采用高角度俯视山谷拍摄，利用河道弯曲的C形曲线构图。画面主体突出，表现出了高山峡谷的险峻以及河谷穿流的神奇地貌。特别是河水淡淡的蓝色，给人一种原始的自然享受，再加上构图时有效地利用了光照以及山石阴影进行明暗对比，强化了画面的空间感。

[▪ 光圈 F16 ▪ 焦距 78mm ▪ 感光度 200 ▪ 快门速度 1/80s ▪ 曝光补偿 −2EV]

2.8 拍摄草场高原的常见构图方法

　　草场高原风景也是摄影者喜欢的拍摄题材之一，无论是祁连山下的花海、禾木村的晨雾，还是坝上草原的光影斑驳都让无数摄影爱好者流连忘返，醉在其中。

2.8.1 三分法构图——高山花海、禾木晨雾

　　右侧这幅作品主要表现了祁连山下的生机盎然。在一望无际的绿野上，无数盛开的黄色花朵在阳光的照耀下格外漂亮。利用广角镜头的张力和三分法构图方式，以较低的角度，将草原上盛开的花朵作为画面构图的重点，强调出"花之海洋"的广阔壮观。同时画面的远处山势连绵起伏，既交代了环境，也容易使人产生对远山的好奇感。整个画面给人一派清新洒脱的自然气息。

· 光圈 F8 · 焦距 19mm · 感光度 200 · 快门速度 1/250s

　　下面这幅作品采用高角度俯拍的方式，以全景式三分法的构图形式，将画面中间的房舍与上下两端的桦木林分开，描绘出一幅日出时分薄雾缭绕的乡村美景。拍摄时，正值秋季，高耸的桦木林和一栋栋的小木屋沐浴在清晨的阳光中。反射的暖色光线，使人倍感温暖，更有几处炊烟袅袅的房舍为画面增添了一份家的温暖。

· 光圈 F11 · 焦距 95mm · 感光度 100 · 快门速度 1/400s ·

| 2.8.2 | 水平线构图——秋日草原

右侧这幅作品运用水平线构图法，表现出秋日草原树木渐次分布的空间。悠闲吃草的马儿，既丰富了画面内容，也给人一种自由、原始的自然生态之美。用光上采用侧光拍摄，使明暗光影交叠丰富了画面，同时采用长焦镜头拍摄，压缩了空间，使画面层次紧凑。

[▪ 光圈 F14 ▪ 焦距 190mm ▪ 感光度 200 ▪ 快门速度 1/250s ▪ 曝光补偿 −1.33EV]

| 2.8.3 | 棋盘式构图——草原丘陵

下面这幅作品在构图上借助分布错落有致的树木，运用棋盘式构图法表现坝上草原的绚丽多彩，同时采用侧逆光角度拍摄，将透光树叶的生机展现得淋漓尽致，特别是那一道道的树影衬托着树木，更加地活灵活现，整个画面光影交错、明暗对比突出，尽显秋的五彩缤纷之美。

[▪ 光圈 F9 ▪ 焦距 180mm ▪ 感光度 100 ▪ 快门速度 1/200s ▪ 曝光补偿 −1EV]

2.8.4 | 框架式构图——山谷花海

右侧这幅作品采用高机位俯视拍摄，着重表现光影交错中的山谷花海，利用山谷被山坡包围的特性，运用框架式构图法巧妙地将花海的娇美与山脊的雄壮进行呼应对比。花海中黄绿相间的色块分布，呈现出一种鲜明的色彩律动感。

[▪ 光圈 F5.6 ▪ 焦距 2000mm ▪ 感光度 200 ▪ 快门速度 1/125s]

2.8.5 | 节奏法构图——山势起伏

当同一种物体反复出现，构成三个以上的排列时，就形成了最简单的节奏形式。下面这幅作品将视角对准连绵起伏的山坡，借助光影的明暗变化，勾勒出山势起伏、光影交叠的节奏之美，同时安排在画面左上角的屋舍起到了画龙点睛的作用，有效地避免了画面的单一枯燥。

[▪ 光圈 F8 ▪ 焦距 200mm ▪ 感光度 100 ▪ 快门速度 1/400s ▪ 曝光补偿 -1EV]

2.9 拍摄云雾、梯田的常见构图方法

摄影意境的表达，可以借助元素布置、光影角度等来实现，而画面中的云雾无疑是自然天成的意境表达，无论是石城的晨光缥缈，还是梯田的云雾缭绕，都给我们带来了如诗如画的梦境之美。

| 2.9.1 | 对称式构图——秋染石城

右侧这幅作品采用高机位拍摄，很好地营造出近景徽派建筑与远处树木的空间层次感。构图上运用对称法，同时以冷暖对比的方式将树木与建筑的对应关系表现得恰到好处，古建与古树相辅相成，耐人寻味。晨雾缥缈，亦真亦虚、如幻如梦般将观者带入了诗情画意之中。唯美的画面使人陶醉，特别是画面中那一抹阳光耀射下的红色树梢，更加突出了秋色淡淡的忧伤，整个画面意境表达充分，引人遐思。

[▪ 光圈 F10 ▪ 焦距 148mm ▪ 感光度 100 ▪ 快门速度 1/500s ▪ 曝光补偿 −0.67EV]

| 2.9.2 | 斜线式构图——云海梯田

　　下面这幅作品采用高机位俯拍，运用斜线式构图表现出梯田的高低错落以及丰富层次。拍摄时借助穿过云雾的光线，重点强化了金灿灿的梯田水面与背光面的明暗对比效果，而涌动的云海又增强了梯田的气势与神秘气氛。

[▪光圈 F7.1 ▪焦距 200mm ▪感光度 640 ▪快门速度 1/400s ▪曝光补偿 −0.33EV]

| 2.9.3 | 曲线式构图——希望的梯田

　　右侧这幅作品利用梯田自身的曲折造型，运用曲线式构图法表现出梯田的柔美线条，画面中以黄蓝对比为主色调，给人以视觉上的强烈碰撞，同时通过对水面蓝色的重点表现，给人以充满希望的畅想。

[▪光圈 F5　　　▪感光度 100
▪焦距120mm ▪快门速度 1/1600s
▪曝光补偿 −0.67EV]

2.10 拍摄长城的常见构图方法

万里长城以其巍峨雄壮名扬中外，成为中华民族的伟大象征，长城也是最受欢迎的拍摄题材之一，有的表现其沧桑历史之深邃，有的表现其连绵不绝之雄浑，有的表现其在云雾缭绕中的屹立，还有的表现其白雪皑皑中的傲骨。"不到长城非好汉"，只有亲身领略才能感受深切。

2.10.1 水平线构图——晨光洒落

右侧这幅作品采用低角度仰视拍摄，运用水平线构图法，抓住天空中出现的冷暖色彩对比，重点描绘出风云际会、阴晴不定的场景气氛，以此衬托还原出昔日长城的历史角色——面对瞬息万变的状况，坚守边关，保家卫国。

- 光圈 F11　　● 感光度 31
- 焦距 102mm　● 快门速度 1/40s

2.10.2 三分法构图——光耀长城

下面这幅作品采用横向三分法构图，画面远近层次清晰，远处缭绕的云雾衬托出长城的雄伟姿态，拍摄角度采用顺光拍摄，重点突出了光洒城墙的暖意，同时画面中城墙的暖色又与远山的冷色遥相呼应，形成了强烈的色彩对比。

● 光圈 F10 ● 焦距 70mm ● 感光度 160 ● 快门速度 1/125s

2.10.3 | 斜线式构图——瞭望远方

右侧这幅作品借助城墙的蜿蜒曲折之势，运用斜线构图的方法，来表达长城的绵延纵深，同时将烽火台安排于画面右上角黄金分割点附近，使主体更加突出。而远处的云海以及层层叠叠的山峦与长城呼应，更是给人一种身临其境的豪气。

▪ 光圈 F14 ▪ 焦距 150mm ▪ 感光度 100 ▪ 快门速度 1/6s ▪ 曝光补偿 −0.33EV

2.10.4 | 棋盘式构图——长城云海

下面这幅作品以全景棋盘式构图，将散落分布的烽火台作为拍摄主体。画面结构错落有致、远近层次分明，使云雾缭绕的长城看起来颇有诗意。画面中较为难得是洒满阳光的城墙，使长城看起来似一条闪耀的巨龙盘旋山岭，给人以强烈的视觉享受。

▪ 光圈 F22 ▪ 焦距 70mm ▪ 感光度 31 ▪ 快门速度 5s ▪ 曝光补偿 +0.33EV

2.11 拍摄树木的常见构图方法

树木是风景的重要构成要素之一，树木的种类繁多，形态各异，摄影者在拍摄时既要灵活把握构图，又要注意光线的合理运用。

2.11.1 垂直线构图——树木挺拔的身姿

右侧这幅作品是通过作为陪体的树干所形成的垂直线构图来衬托具有金黄色调的树叶，而这些垂直的树干则成为画面构图时的主轴。重复存在的树干以及向外扩散的树枝以挺拔垂直的形态支撑着作为主体的树叶，向观赏者充分展示了秋天的魅力。

不同于上幅作品的局部取景，下面这幅作品选取整棵树进行垂直线构图，画面中的树木近大远小，主体突出，空间层次丰富，整个画面好似一幅油画映入眼帘。

[▪ 光圈 F11 ▪ 焦距 45mm ▪ 感光度 100 ▪ 快门速度 1/40s]

[▪ 光圈 F11 ▪ 焦距 165mm ▪ 感光度 64 ▪ 快门速度 1/60s ▪ 曝光补偿 –2EV]

2.11.2 水平线构图——虬枝峥嵘

右侧这幅作品运用水平线构图法，采用逆光角度拍摄，通过树木自身的形态特征，以剪影的形式，展示出胡杨木虬枝苍劲峥嵘、生命力顽强的特征。拍摄时需要对准太阳光周边位置测光，从而得到生动形象的画面。

• 光圈 F6.3 • 焦距 70mm • 感光度 100 • 快门速度 30s

2.11.3 三分法构图——水岸悠闲

下面这幅作品运用三分法构图，大胆地将树木、马匹置于画面上方1/3处，通过几棵干枯的小树安排，使人联想到此时正值秋色；大面积的蓝色水面占据了画面的2/3，更为画面增添了几许寒意；只有那埋头吃草的马儿，不知忧伤地闲庭信步、悠然吃草。

• 光圈 F6.3 • 焦距 200mm • 感光度 100 • 快门速度 1/800s • 曝光补偿 −0.67EV

2.11.4 九宫格构图——雪地中的独舞

左侧这幅作品以苍茫的雪地为背景，在黄金分割点附近安排一株树木，重点突出，营造出一种孤独的寒冬意境。同时将独自骑马的人物纳入画面，更加提升了画面的孤独感。作品运用侧光拍摄，借助影子增加画面的立体感。

- 光圈 F10   · 感光度 200
- 焦距200mm   · 快门速度 1/400s
- 曝光补偿 −0.67EV

2.11.5 曲线式构图——丛林密布

下面这幅作品采用高机位俯拍，以侧逆光的拍摄角度，着力营造阳光洒落树梢上的色彩斑斓。构图上借助树木弯曲排列的造型，运用曲线构图法表达树木千姿百态的婀娜身姿，同时用一条流淌而过的蓝色小溪打破画面的呆板，使画面冷暖呼应，生趣盎然。

- 光圈 F18 · 焦距 100mm · 感光度 64 · 快门速度 1/8s · 曝光补偿 −0.67EV

| 2.11.6 | 斜线式构图——秋日树影、红叶

右侧这幅作品采用高机位俯拍，以前侧光的拍摄角度，运用斜线式构图，勾勒出夕阳下的树影绰绰，整个画面以影子为主要基调，特别是下方一排排似栅栏般排列的影子更为画面增添了强烈的韵律节奏感。

[▪ 光圈 F18 ▪ 焦距 200mm ▪ 感光度 31 ▪ 快门速度 1.3s ▪ 曝光补偿 −0.67EV]

下面这幅作品主要是利用长焦镜头对树枝上的红叶进行刻画和描写，斜线排列的红色枝条使画面看起来颇具旋律美感，长焦镜头营造的浅景深效果，使主体突出，同时墨绿色的背景与红叶冷暖对比强烈，给人以"树绿花红"的视觉享受。

[▪ 光圈 F3.5 ▪ 焦距 200mm ▪ 感光度 640 ▪ 快门速度 1/160s ▪ 曝光补偿 −0.33EV]

2.11.7 | 对角线构图——瑟瑟寒秋

右侧这幅作品构图新颖，使用长焦镜头截取树木的局部，运用对角线构图法，使树枝横贯整个画面，给人强烈的视觉冲击力。同时利用水面的蓝色与树叶的黄色进行冷暖对比，有力地表达出瑟瑟寒秋之美。

[▪ 光圈 F2.8 ▪ 焦距 122mm ▪ 感光度 100 ▪ 快门速度 1/2000s ▪ 曝光补偿 −0.67EV]

2.11.8 | 三角形构图——山石上的红叶

[▪ 光圈 F7.1 ▪ 焦距 105mm ▪ 感光度 3200 ▪ 快门速度 1/100s]

秋天是个迷人的季节，对于红叶风景的拍摄，摄影者需要找到能够进一步突出红叶色彩的陪衬素材（山石、树干或者树枝等）灵活构图。左侧这幅作品是在初秋拍摄的，在华丽的红叶色彩之中，仍残存着几抹黄绿，红叶以三角形状和斜线形式生长在山石之上，暗沉的石色作为陪体而存在，使红叶的色彩更显鲜明和浓烈。

2.11.9 │居中式构图——强调树木的线条

下面这幅作品大胆地将树木置于画面中央，利用广角镜头近大远小的透视关系，将近景的树木与远处的人物进行有效的大小对比，突出了树木的茁壮高大之势。拍摄角度选择逆光拍摄，采用小光圈制造出漂亮的太阳星芒，整个画面给人以阳光生机、积极向上的视觉感染力。

[▪光圈 F11 ▪焦距 21mm ▪感光度 100 ▪快门速度 1/800s ▪曝光补偿 −1.33EV]

2.11.10 | 虚实对比——亦真亦幻

下面这幅作品则是利用长焦镜头压缩空间的特点和大光圈虚化背景的作用，来对被摄主体进行局部刻画和表现的。画面中粉红的花枝与背景中若隐若现的油菜花、屋舍相映成趣，增强了画面的意趣。

[▪ 光圈 F3.5 ▪ 焦距 200mm ▪ 感光度 100 ▪ 快门速度 1/1000s]

2.11.11 | 冷暖、疏密对比——打造暗调树影

左侧这幅作品在拍摄时采用曝光负补偿以达到压低曝光值的目的，营造出画面的暗调效果，强烈的冷暖色对比使人印象深刻，同时构图上选取近景的几棵树木与大片树木进行疏密对比，也为画面增添了视觉趣味。

[▪ 光圈 F8　　　　▪ 感光度 100
▪ 焦距200mm　▪ 快门速度 1/125s
▪ 曝光补偿 −0.67EV]

2.11.12 对称式+留白——营造画面意境

下面这幅作品拍摄于黎明时分，天边的朝霞映红了水面，几棵枯萎的树木孤单地伫立。画面给人以秋水无声的落寞感，构图上利用树木倒影的对称、大面积的水面留白，营造出简约的画面效果。整体画面色调偏冷，有效地渲染了秋色寒冷的意境。

■ 光圈 F6.3 ■ 焦距 135mm ■ 感光度 200 ■ 快门速度 15s ■ 曝光补偿 +0.33EV

2.11.13 大小、疏密对比——营造画面戏剧效果

右侧这幅作品采用侧光拍摄，在构图思路上采用大小对比、疏密对比的构图方式，丰富了画面的语言表达。同时构图上大胆地将几棵较大的树木置于画面的右下角，与另一侧的大片树木对比呼应，使画面看起来活灵活现，趣味横生。

■ 光圈 F8 　　■ 感光度 100
■ 焦距200mm ■ 快门速度 1/200s
■ 曝光补偿 −1EV

■ 光圈 F1:4 ■ 焦距 35mm ■ 感光度 200 ■ 快门速度0.8s

2.12 拍摄雪景的常见构图方法

"千里冰封，万里雪飘"，提起雪来，大家立刻会联想到天寒地冻、万籁俱寂的一片苍茫。是的，正是这白茫茫的一片，好似为大地盖上了一层厚厚的棉衣，妆点出不同的雪韵新意，这也正是拍摄雪景的魅力所在。

2.12.1 三分法构图——雪后的湖光山色

左侧这幅作品主要是运用三分法构图来表现冬日雪后的湖光山色。采用长焦镜头拍摄，压缩了场景空间，使画面紧凑，美丽的雪后山水似童话国度一般呈现眼前，使人印象深刻。

• 光圈 F25 • 焦距 200mm • 感光度 500 • 快门速度 1/200s

2.12.2 九宫格构图——雪山漫步

右侧这幅作品运用九宫格构图法将骑马的人物置于黄金分割点，苍茫一片的雪山下，两个深色的骑马人显得格外醒目突出。整幅画面给人一种荒原的空寂、寒冷与孤独之感。

[• 光圈 F6.3 • 焦距 80mm • 感光度 200 • 快门速度 1/80s]

2.12.3 | 垂直线、大小对比构图——江边雾凇

右侧这幅作品采用垂直线构图着力表现树木挺拔与茂盛的姿态，同时借用点缀的椅子，以小映大，衬托出雾凇景观的壮美迷人。

[▪ 光圈 F9 ▪ 焦距 105mm ▪ 感光度 200 ▪ 快门速度 1/200s]

2.12.4 | C形曲线构图——大雪纷飞的海岸

右侧这幅作品通过海岸线的C形曲线以及几艘闲置的渔船所共同形成的曲线造型构图，使画面的空间延伸感十分强烈。远处一对恋人行走在漫天飞舞的雪花中，营造出一幅漫漫风雪路的意境画面，生动而真切。

[▪ 光圈 F8 ▪ 焦距 200mm ▪ 感光度 200 ▪ 快门速度 1/800s]

| 2.12.5 | 水平线+S形曲线构图——即将逝去的冬日

右侧这幅作品采用水平线构图法，将远处的地平线放在画面较高位置，以此加强画面的空间位置感，同时借助弯曲的河道延伸，将近景与远景相连，准备过河的马匹，有动有静，为寒冷的冬天增加了一丝暖意，流淌的河流或许告诉人们，寒冷的冬天即将离开。

- 光圈 F2.8
- 感光度 250
- 焦距52mm
- 快门速度1s
- 曝光补偿 −1EV

| 2.12.6 | 斜线式构图——驰骋雪地

冬日的雪地总是凄凉而缺乏生机的。下面这幅作品，采用高机位俯拍，以略微倾斜的斜线式构图勾勒出雪地上疾蹄奔跑的马儿，使原本平淡的雪原，充满了活力，迸发出生命的律动。由于采用侧逆光拍摄，雪地的光影效果明显，而马匹的影子更是有效地强化了空间立体感，使画面看起来栩栩如生，给人身临其境的真实感。

- 光圈 F11
- 焦距 190mm
- 感光度 200
- 快门速度 1/500s
- 曝光补偿 −1.33EV

2.12.7 | 对角线构图——雪满山林

右侧这幅作品采用高角度俯拍山谷中的雪满山林，构图上采用对角线构图，使画面看起来具有一定的动感韵律，侧逆光的角度，使光影富于变化，明暗交替间展现出大自然奇妙的创造力。

下面这幅作品同样采用对角线构图法丰富了画面的动感韵律，但是拍摄角度略有不同，采用自下而上的仰视角度，着力表现出阳光照耀下山峦的起伏。冬日雪岭上的冷暖对比使人印象深刻，同时由于暖色调占据了大部分画面，整体画面透着一种暖意融融的舒适氛围。

▪ 光圈 F8 ▪ 焦距 70mm ▪ 感光度 200 ▪ 快门速度 1/320s ▪ 曝光补偿 +0.33EV

▪ 光圈 F8 ▪ 焦距 62mm ▪ 感光度 200 ▪ 快门速度 1/160s ▪ 曝光补偿 +0.33EV

| 2.12.8 | 三角形构图——童话雪屋、雪岭雄风

下面这幅作品运用三角形构图法，表现皎洁月光下雪山的挺拔险峻之势，借助远处层叠的山峦加强了画面的空间立体感；同时运用冷暖对比的表现手法，将近景灯火通明的屋舍与夜幕下的高山进行对比，使人不觉有一种家的温暖涌上心头。

[▪ 光圈 F7.1 ▪ 焦距 35mm ▪ 感光度 400 ▪ 快门速度 2s ▪ 曝光补偿 +0.33EV]

右侧这幅作品将视角对准雪乡的一栋木屋，运用三角形构图法，重点表现木屋上厚厚的积雪，画面中红色的窗花、悬挂的灯笼以及屋旁成串的黄色玉米都十分有效地活跃了画面气氛，营造出五谷丰登的喜庆，同时作品在画面空间的把握上也十分清晰，避免了只将镜头对准房屋拍摄带来的单调，利用透视关系，表现出近大远小、层次分明、空间感舒展的画面效果。

[▪ 光圈 F7.1 ▪ 焦距 35mm ▪ 感光度 200 ▪ 快门速度 1/200s ▪ 曝光补偿 +0.33EV]

2.12.9 ｜ 棋盘式构图——雪原牧歌

　　下面这幅作品以高机位俯拍的视角，运用棋盘式构图法，展现出冬日坝上草原的树影萧瑟。拍摄时选用侧光拍摄，林林总总的树影使画面看起来既生动又富有立体感。画面下方迎着朝阳前行的羊群似一股暖流，打破了冬的肃静，给人以充满希望的企盼。

[▪ 光圈 F11 ▪ 焦距 125mm ▪ 感光度 200 ▪ 快门速度 1/500s ▪ 曝光补偿 −1.33EV]

2.12.10 ｜ 框架式构图——冰冻之都

　　右侧这幅作品借助挂满冰帘的门框，运用框架式构图法描绘出冰天雪地的北国冬日，作品在构图上着力表现近景、中景、远景的空间层次关系，使画面看起来排列有序，引导人的视线伸向远方。

[▪ 光圈 F6.3　▪ 感光度 200
▪ 焦距 45mm ▪ 快门速度 1/160s
▪ 曝光补偿 +0.33EV]

[▪ 光圈 F7.1 ▪ 焦距 21mm ▪ 感光度 31 ▪ 快门速度20s]

2.13 拍摄城市风光的常见构图方法

城市风光是摄影爱好者最常接触的拍摄题材，每座城市都有其自己独特的一面，或繁华，或宁静，或悠闲。表达对城市的见解，需要不断深入其中，去挖掘，去捕捉。

2.13.1 | 三分法构图——城市全景

要表现城市的繁华，最好的拍摄方式就是选择一个具有最佳视角的至高点进行俯拍，而这个最佳的至高点的选择是需要摄影者细心观察和寻找的。右侧这幅作品采用横向三分法构图，将城市塔楼置于画面右侧，左侧大面积的建筑以棋盘形式分布开来，画面形成高低、疏密的对比效果。

- 光圈 F11　　• 感光度 125
- 焦距 95mm　• 快门速度 1/40s

2.13.2 | 对称式构图——华灯初上

下面这幅城市夜色运用横幅居中对称的构图方式拍摄，将画面天空与建筑一分为二，给人一种平稳沉静的夜色之美。拍摄时机选择太阳西沉后的华灯初上时分，天边的暮色红光与城镇闪烁的灯光，共同奏响了绚丽多彩的城市小夜曲。

• 光圈 F10 • 焦距 70mm • 感光度 200 • 快门速度 2s

下面这幅作品同样运用对称式构图法，不同于上幅作品的是，拍摄时借用雨后水面的倒影，使画面的对称效果更加突出明显。夜幕降临，暖色灯光与浅蓝色天空冷暖对比，营造出宁静的雨后别样的感觉，特别是牌坊的拱形设计，既丰富了画面构成，又引导视线延伸至远处的建筑。

〔▪ 光圈 F8 ▪ 焦距 17mm ▪ 感光度 100 ▪ 快门速度 8s ▪ 曝光补偿 +1EV〕

│ 2.13.3 │ 斜线式构图——古建灿烂

右侧这幅作品以较高的机位拍摄，巧妙地运用斜线式构图，利用街道将画面斜向地一分为二，动感的构图使原本庄重肃穆的古建多了份灵动之气，张灯结彩的热烈场景更是将画面推向高潮，让人留恋与感怀。

〔▪ 光圈 F18 ▪ 焦距 70mm ▪ 感光度 100 ▪ 快门速度 10s ▪ 曝光补偿 +1EV〕

2.13.4 | 曲线式构图——夜色阑珊

　　当夜晚来临时，璀璨的灯光会将城市点缀得更加具有魅力。下面两幅作品都是从高处俯拍得到的沿海城市夜景。第一幅作品借助弯曲的河道，运用S形曲线构图将画面分为两部分。受光线的影响，画面呈现出冷蓝色调，通过高低不等的楼层窗户透射出来的光线点缀了整幅画面，描绘出河岸人家紧凑的居住环境。第二幅作品则是通过灯轨使优美的C形海岸线完美地呈现出来，二次曝光取景的皎洁月光，妙笔生花般为画面增添了"海上生明月"的意境之美。

[▪ 光圈 F7.1 ▪ 焦距 150mm ▪ 感光度 250 ▪ 快门速度 10s]

[▪ 光圈 F6.7 ▪ 焦距 24mm ▪ 感光度 100 ▪ 快门速度 30s ▪ 曝光补偿 −4.5EV]

2.13.5 三角形构图——建筑造型之美

右侧这幅作品拍摄自清晨的海滨，借助帆影的三角形造型，运用水平线构图法，展现出朝霞满天，烈焰扬帆的热烈气氛，动感的云层尽显恢弘之势。整个画面充满了火一样的感染力，给人以美好希望的憧憬。

▪ 光圈 F16 ▪ 焦距 21mm ▪ 感光度 64 ▪ 快门速度 0.4s ▪ 曝光补偿 −0.67EV

下面这幅作品以悉尼歌剧院的三角形造型为主体，极力表现此建筑的独特造型，同时利用延伸的河岸C形曲线，加强了空间立体感，将观者的视线引导至画面深处。

▪ 光圈 F8 ▪ 焦距 37mm ▪ 感光度 200 ▪ 快门速度 1/2s

| 2.13.6 | 框架式构图——框架中的美丽

右侧这幅作品巧妙地选取立交桥的桥体作为画面前景，以半框架式的构图方式贯穿整个画面，既丰富了画面元素，又将观者的视线引导到画面远处的高楼。整个画面流光溢彩，给人强烈的临场感和视觉冲击力。

[▪光圈 F16 ▪焦距 16mm ▪感光度 100 ▪快门速度 13s]

下面这幅作品通过增加前景树枝的方式，运用框架式构图，表现公园长桥的秋日景色。由于前期拍摄增加了滤镜，因此整个画面呈现出强烈的冷色调，给人一种秋天的寒意。画面中游人如织的桥面，既丰富了构图语言，又为画面增添了活跃元素。

[▪光圈 F8 ▪焦距 32mm ▪感光度 100 ▪快门速度 1/200s ▪曝光补偿 −0.67EV]

| 2.13.7 | 冷暖对比构图——都市中的孤独

下面这幅作品透过玻璃以冷暖色调的强烈对比拍摄城市的高楼大厦。运用冷色调表现出都市大楼高高在上的冷漠外表，而室内的暖色调以及玻璃上映射着的黄色灯光则表达出内心的温暖渴望。

▪ 光圈 F4 ▪ 焦距 22mm ▪ 感光度 400 ▪ 快门速度 1/30s

| 2.13.8 | 分割线构图——工业建筑

分割线构图是一种形式感极强的构图方式，这种方式是通过一些能够明显起到分割画面作用的物体，对画面中规律性和排布性不强的元素进行分割。摄影者可以利用这些分割物将画面分成有规律的

几个或者多个区域，或者以此为基础表现画面主体，或者仅仅体现形式感。

右侧这幅作品是利用长焦镜头拍摄的工业建筑的局部场景，利用点测光模式对天空进行测光，使建筑框架以剪影形式表现，在傍晚呈暖黄色调的天空映衬下，使画面带给观赏者强烈的分割性和几何韵律。

▪ 光圈 F5.6　　▪ 感光度 400
▪ 焦距 300mm　▪ 快门速度 1/1600s

| 2.13.9 | 放射线构图——海滩上的夜色浪漫

　　下面这幅作品以放射线构图的方式，打造出夜色海滩上激情绽放的浪漫恋曲。作品采用小光圈、长时间曝光有效地捕捉到火花四射的轨迹，美丽的烟花绽放、灿烂吐蕊，给人以极强的视觉美感与冲击力。同时日落后的奇妙天色与黄色的烟花冷暖辉映，使画面更加绚丽夺目。

[▪光圈 F10 ▪焦距 21mm ▪感光度 50 ▪快门速度 15s ▪曝光补偿 −1.67EV]

2.14 拍摄星空的常见构图方法

　　遥望浩瀚的星空，当满天繁星呈现眼前，四野俱寂，内心有种灵魂被洗涤的纯净感，整个人也仿佛被注入了新的活力，这就是星空的魅力。通常远离城市光干扰的高山、乡村、小岛是拍摄星空、感受自然神奇的最佳去处。

| 2.14.1 | 三分法构图——灿烂星河

　　右侧这幅作品运用三分法构图，采用低角度仰拍的方式，表现高山河谷中的星河灿烂。通常拍摄星河需要使用高感光度、大光圈以缩短快门时间在30s以内，否则星星移动轨迹太长，就会影响到星河的呈现效果。

光圈 F3.2 ■ 焦距 15mm ■ 感光度 2000 ■ 快门速度 30s

| 2.14.2 | 隧道式构图——斗转星移

　　右侧这幅作品运用斜线和隧道式构图，表现冰山雪地的壮丽星空。拍摄时需设置B门长时间曝光，以保证星星移动轨迹的出现，同时还需要找准北极星，也就是其他星星围绕旋转的星轨中心点。

光圈 F6.3 ■ 焦距 26mm ■ 感光度 200 ■ 快门速度 2800s

2.15 非常规的构图方法

构图时不必过于恪守常规的构图原则，而更应该去强调画面所要表达的意境。

2.15.1 使水平线位置更高或者更低

常规的构图方式应该把水平线尽可能安排在画面的1/3处，但右侧这幅海边沙滩的作品选择将水平线构抬高，而将宽广的沙滩纳入镜头，营造出海滩的沙漠荒凉感，画面上方一道弧形的海岸线以及几艘小船，交代了所处的环境，左上角隐约的灯光，给"沙漠"之舟带了希望之光。

下面这幅作品构图时安排天空云朵占据了大部分画面空间，给人以天际辽远的感觉，埋头吃草的马儿，轻甩马尾，与天空一起构成了一幅自由天地间的美丽画卷。

［▪光圈 F6.3 ▪焦距 24mm ▪感光度 64 ▪快门速度 20s ▪曝光补偿 −1EV］

［▪光圈 F10 ▪焦距 200mm ▪感光度 100 ▪快门速度 1/800s ▪曝光补偿 −1.67EV］

| 2.15.2 | 在不平衡中寻求稳定

任何事物的存在都是相对的。在摄影构图中，摄影者大都需要在画面的内部形成中，寻求一定的平衡感和稳定性，但在不同事物的表现中，平衡感的体现方式也不尽相同。下面这幅作品给人的第一感觉就是有种不平衡感，但是仔细观察就会发现，在这种直观的不平衡中仍然具有潜在的稳定感，只要找到合适的平衡支点。

通常地平线倾斜构图会给人一种强烈的不稳定感。在右侧这幅作品中，画面的地平线、树木都处于倾斜状态，但在向上延伸的过程中形成了一个无形的多S形折线，反而在不平衡的构图过程中实现了另一种平衡。

▪ 光圈 F11　　▪ 感光度 100
▪ 焦距 175mm　▪ 快门速度 1/500s
▪ 曝光补偿 −1EV

| 2.15.3 | 拍摄水面倒影中的古韵风流

右侧这幅作品将水面倒影作为了画面的主体，拍摄后进行上下翻转，得到一幅梦幻般的春日游园图，古亭、翠柳、小桥、三三两两的古装人物将观者的思绪仿佛带回了汉唐盛世。

▪ 光圈 F8 ▪ 焦距 85mm ▪ 感光度 200 ▪ 快门速度 1/320s

| 2.15.4 | 大面积的前景遮挡

在特定的环境下,利用大面积的前景与背景进行搭配构图,能够更好地表现出画面的层次感和神秘感。下面这幅作品拍摄的是江南的湖畔美景,通过截取一部分下垂的长短不一的柳枝作为前景,与池中干枯的荷枝形成强烈的对比,使春之风情在画面中表现得淋漓尽致。

[▪ 光圈 F8 ▪ 焦距 200mm ▪ 感光度 200 ▪ 快门速度 1/200s ▪ 曝光补偿 +0.33EV]

右侧这幅作品采用低角度拍摄,大面积地利用雪山草原上的黄色花朵作为前景,呈现一派春意盎然的浓浓生机,整体画面近、中、远景层次分明,空间感强烈,观者的视线很容易跟随渐次延伸的黄花、树木伸向远处的雪山。

[▪ 光圈 F2.8 ▪ 焦距 35mm ▪ 感光度 100 ▪ 快门速度 1/500s]

下面这幅作品夸张地将整个画面布满黄嫩的油菜花，将渐次排列的土楼穿插于花的缝隙间，给人一种"你中有我，我中有你"的和谐融洽感。此类作品在拍摄时，通常建议使用长焦距、大光圈镜头，同时要使镜头距离花卉或枝叶很近，这样就比较容易虚化花叶，营造出前景花卉的朦胧诗意，从而为画面的意境增色。

[▪ 光圈 F4 ▪ 焦距 200mm ▪ 感光度 200 ▪ 快门速度 1/125s]

右侧这幅作品同样是使用长焦距、大光圈镜头拍摄，使前景的枯枝黄叶虚化明显，强有力地烘托了秋色萧索的气氛，同时画面捕捉到人物赏秋的瞬间，将其安置于黄金分割点的交汇处，更加有利于主体的突出。整幅作品给人以黄叶游人相映，秋色无限好的美感。

[▪ 光圈 F4 ▪ 焦距 200mm ▪ 感光度 100 ▪ 快门速度 1/1000s ▪ 曝光补偿 −0.67EV]

CHAPTER

3

人像构图

3.1 室内人像常见构图应用

3.1.1 三分法构图——眼睛的位置

在拍摄人像特写时，人物的眼睛是最传神的部位，摄影者要特别注意眼睛在整个画面中的位置。下面这幅在影棚中拍摄的人像特写，主要是利用竖向三分法构图来安排美女眼睛的位置，画面简洁，主体突出。

■ 光圈 F10 ■ 焦距 92mm ■ 感光度 200 ■ 快门速度 1/125s

3.1.2 三分法构图——教室里的清新女生

下面这幅作品是利用小广角镜头采用横向三分法构图拍摄的。画面中的女孩坐在教室里的课桌上，双手拿着手机，桌子上摆放着作业本和眼镜盒，头部稍微倾斜，朝向画面横向2/3的方向，眼睛凝视着前方。让女孩坐在教室中间的桌子上，可以减少人物脸部的明暗反差。

光圈 F3.2 ▪ 焦距 35mm ▪ 感光度 200 ▪ 快门速度 1/160s ▪ 曝光补偿 -1EV

3.1.3 对称式构图——可爱的邻家姐妹

下面这幅作品采用对称构图的方式拍摄，两个可爱的邻家女生肩靠肩、头靠头坐在一起，眼睛同时望向镜头方向，亮色的小衫和活泼的笑容打造出青春靓丽的形象。

光圈 F10 ▪ 焦距 105mm ▪ 感光度 50 ▪ 快门速度 1/125s

|3.1.4| 对称式构图——利用反光物作为道具

右面这幅作品主要是利用对称构图形式实现的。由于此时的拍摄场景光线较暗，选择一款具有明亮大光圈的标准变焦镜头（比如17-55mm F2.8），搭配一个外置闪光灯，不仅可以更好地交代场景，保证画面有一定的虚实层次感，而且能够在很大程度上保证镜头的进光量，减少噪点和提高快门速度。在构图上，模特选择趴在红色轿车的前盖位置，由于场景顶部灯光的照射和车体的反光，以及闪光灯的正面补光，其脸部和手部被清晰地映照在车身上。然后选择一个与车体平行的角度拍摄，能够更好地实现画面的对称效果。

- 光圈 F2.8　• 感光度 100
- 焦距 31mm　• 快门速度 1/200s

右侧这幅作品是在室内场景中拍摄的，主要是通过玻璃的反射作用来实现画面的对称效果。由于室内场景拍摄范围的局限性以及灯光布局的灵活性，选择一款标准变焦镜头或者标准定焦镜头（比如17-40mm F4或者50mm F1.4），即可满足拍摄的需要。甜蜜的情侣趴在反光玻璃上，面前两只可爱的小狗道具加强了画面的趣味性，实体与倒影合二为一，整幅画面清新明朗。

- 光圈 F3.2　• 感光度 200
- 焦距 35mm　• 快门速度 1/160s

3.1.5 | S形曲线构图——展现模特的身材

以略微倾斜的S形身姿向观赏者展示了其完美的身材。

右侧这幅作品主要是通过S形曲线构图来展现模特的身体曲线。 模特背靠白墙，脸部侧转向身体的左侧，左手叉腰，

▪ 光圈 F9 ▪ 焦距 70mm ▪ 感光度 100 ▪ 快门速度 1/160s

在下面这幅作品中，模特躺在室内的白床上，双手交叠放在头顶上，下巴上扬，臀部和腰身往身体左侧稍微扭曲，双腿蜷曲，一高一低，脚弓绷紧，这种姿势将女孩身体的曲线之美表现得淋漓尽致。

[光圈 F3.5·焦距 35mm·感光度 320]

[快门速度 1/80s·曝光补偿 -0.7EV]

|3.1.6| 九宫格构图——安排人物在画面的位置

下面这幅作品是利用小广角镜头拍摄的。画面中的女孩坐在教室中，左手撑着脸颊，右手握着笔，像是在学习的过程中抬头思索着什么。把人物安排在画面的左上方位置，符合人们的视觉习惯；较大光圈的利用，不仅使前后景得到一定程度的虚化，同时也提高了抓拍的速度。

[光圈 F3.2·焦距 35mm·感光度 200·快门速度 1/160s]

3.1.7 斜线式构图——红粉佳人

在右侧这幅作品中，模特脸朝上斜躺在两个圆形的柳编沙发上，呈斜线排列的暖气片和白纱窗帘的皱褶，节奏清晰、方向感强，起到一个固定导向的作用。

[▪ 光圈 F3.5 ▪ 焦距 35mm ▪ 感光度 250 ▪ 快门速度 1/200s ▪ 曝光补偿 −0.7EV]

3.1.8 三角形构图——淡淡的回忆

在人像摄影中，模特不同的姿势能够形成不同的构图方式。以下面这幅作品为例，模特采取收腿弯背的坐姿，形成了以头部为顶点，脚和臀为其他两个支点的三角形构图。这种在室内影棚中拍摄的人像照片，使用标准定焦或者标准变焦镜头是再适合不过了。

[▪光圈 F10 ▪焦距 32mm ▪感光度 100 ▪快门速度 1/100s]

3.1.9 三角形构图——出水芙蓉

下面这幅作品借助人物肢体所形成的三角形进行构图，给人平稳的视觉感，同时人物侧脸的莞尔一笑避免了画面的呆板，给人柔情似水般的温暖享受。

[▪光圈 F2.8 ▪焦距 85mm ▪感光度 800 ▪快门速度 1/50s]

|3.1.10| 框架式构图——午后时光

主体，能使观者产生强烈的现实空间感和透视效果。

在右侧这幅作品中，两个亲密无间的女生正在教室里嬉戏，采用窗框作为前景构成框式构图，既交代了环境，又突出了

[▪ 光圈 F2.8 ▪ 焦距 80mm ▪ 感光度 200 ▪ 快门速度 1/640s ▪ 曝光补偿 −0.3EV]

|3.1.11| 对角线构图——温暖的麦田

下面这幅作品采用的是对角线构图。画面中的女孩身披白纱形成对角线的构图，同时与背景中呈放射线状的麦地相呼应，营造出动感十足的旋律美感。

■ 感光度 50 ■ 快门速度 1/1000s

■ 光圈 F2.5 ■ 焦距 35mm

|3.1.12| 虚实对比——闺蜜

两个女生一前一后坐在教室里的课桌上，对焦在靠近镜头的穿黄色衣服的女生身上，黄、红两个女生就形成了虚实对比，不仅突出了主体，画面也显得更加生动，引人入胜。

■ 光圈 F3.2 ■ 焦距 70mm ■ 感光度 400

■ 快门速度 1/50s ■ 曝光补偿 -0.3EV

|3.1.13| 动静对比——毕业季

在下面的这幅作品中，站在教室里讲台上原地做好了姿势的女生和跳跃起来的女生们形成了鲜明的动静对比，一下子就抓住了观者的视线。

· 感光度 400 · 快门速度 1/100s ·

· 光圈 F3.2 · 焦距 35mm ·

|3.1.14| 平视构图——娇艳时光

平视角度拍摄的画面，不容易形成视觉冲击力。构图时将视觉中心放在黄金分割的地方，画面看起来非常稳健。另外，窗纱影子的利用，也增加了画面的立体感。

· 感光度 100 · 快门速度 1/20s ·

· 光圈 F3.5 · 焦距 50mm ·

┃3.1.15┃ 俯视构图——夏日清凉

俯视角度不是我们日常观察物体的常规角度，因此它比平视角度拍摄的照片更容易引起观者的注意。因为俯视提高了拍摄点的位置，把女孩的身体曲线展现得淋漓尽致。

［· 光圈 F5.6 · 焦距 85mm · 感光度 320 · 快门速度 1/100s］

┃3.1.16┃ 仰视构图——沐浴阳光

仰视角度也不是我们日常观察物体的常规角度，仰视角度拍出来的照片容易使物体看上去高大宏伟。因此，这个拍摄角度不是很适合拍摄美女。下面这幅作品，因为让模特的头

［· 光圈 F4 · 焦距 50mm · 感光度 100 · 快门速度 1/160s］

部和身体都略向镜头方向倾斜，并且采用的是标准镜头拍摄，就避免了美女头部和身体的变形，再加上在画面中纳入了窗台和窗框，并使之略微倾斜，因此这张照片并没有因为是仰拍而破坏美感，模特身体也没有发生变形，仍具有很强的视觉冲击力。

3.2 室外人像常见构图应用

| 3.2.1 | 三分法构图——青春像花儿一样

在右侧的这幅作品中采用的是侧逆光拍摄，在人物正侧面使用闪光灯对模特的脸部进行了适当的补光，以降低明暗反差，模特位于画面的1/3处形成了竖画幅三分法构图，整体感觉简单、明了，并且模特的服装与背景的蔷薇花相得益彰，使画面更具艺术感染力。

- 光圈 F2.5
- 感光度 100
- 焦距 50mm
- 快门速度 1/400s

|3.2.2| 三分法构图——杏花仙子

下面这幅作品拍摄于春天杏花盛开的季节，模特位于画面的1/3处形成了横画幅三分法构图，同时也平衡了画面（左侧的树干使画面显得重一些），白色的古装，使模特看上去像一个淡然漂泊于江湖的女侠。

■ 光圈 F2.8 ■ 焦距 85mm ■ 感光度 160 ■ 快门速度 1/1000s

|3.2.3| 水平线构图——沙滩上的阳光美女

下面这幅作品主要描绘的是在中午时分，一个美丽的姑娘侧倚在柔软的沙滩上悠然自得的场景。水平线构图的利用，加强了画面的宁静感；广角镜头的使用，既有利于表现模特细长的腿部，也有利于表现画面的层次感。

■ 光圈 F5.6 ■ 焦距 23mm ■ 感光度 200 ■ 快门速度 1/1200s

| 3.2.4 | 垂直线构图——徜徉秋色间

在右侧这幅作品中，男孩和女孩手牵手一起走在乡间的小路上，左侧的一排排银杏树干和人物本身都是垂直线条，形成了垂直线构图，给人以宁静、平稳、温馨之感。

[·光圈 F3.5 ·焦距 200mm ·感光度 100 ·快门速度 1/200s ·曝光补偿 −0.3EV]

在右侧这幅作品中，将模特的脸部（视角中心）置于九宫格右下方的交叉点上，既交代了环境（春暖花开的季节），又突出了主体，使画面显得更加生动。

▪ 光圈 F2.8 ▪ 焦距 85mm ▪ 感光度 125 ▪ 快门速度 1/800s

|3.2.6| 均衡构图——保持画面的平衡感

　　均衡构图是最常见的人像摄影构图之一。右侧这幅作品主要是以坐在体育场跑道上的女孩为拍摄对象。把女孩放在画面中间靠上的位置，地面

略微倾斜，为了保持画面基本的平衡感，在画面左侧纳入了一个滚动过来的足球，在画面的右侧纳入了正在跑道上奔跑的人群，这样不仅使画面左右具有均衡性，而且使画面具有一定的动感。

[▪ 光圈 F2.2 ▪ 焦距 200mm ▪ 感光度 100 ▪ 快门速度 1/800s ▪ 曝光补偿 −0.3EV]

|3.2.7| 对角线构图——利用阶梯表现模特

　　右侧这幅作品的对角线构图则是通过阶梯自上而下的高度落差来实现的。把人物安排在画面的右侧，以一种侧背面角度拍摄，并且利用与阶梯呈45°的形式来表现模特的运动状态。除了对角线形式外，构成阶梯扶

手的支柱以一种重复形式存在，自上而下形成一种节奏感，与人物的站立姿势相吻合。模特手持红伞，身着红色旗袍，与拍摄环境协调一致，有一种古典之美。

[▪ 光圈 F4.5 ▪ 焦距 135mm ▪ 感光度 100 ▪ 快门速度 1/200s]

|3.2.8| 虚实对比——夏日校园之恋

为了突出主体人物，有时会根据需要将前景或者背景进行虚化，虚化后的前景或背景与画面中的实体人物就自然形成了虚与实的对比，画面就会更加生动、引人入胜。

［・光圈 F2・焦距 200mm・感光度 100］

［・快门速度 1/320s・曝光补偿-0.3EV］

有时为了增加画面的想象空间，会采用相反的虚实对比关系，将主体人物虚化，而将前景或背景拍实。这种虚实对比会给人更多的遐想空间。当然，在一组照片中，两种虚实对比的照片组合起来更容易引起观者的好奇，画面会呈现出韵味无穷的美感。

［・光圈 F7.1・焦距 200mm・感光度 250］

［・快门速度 1/80s・曝光补偿-1EV］

∥3.2.9∥动静对比——奔向爱情的怀抱

容易引起观者的强烈关注，人们会想像男孩跑过来的结果。

在右侧这幅作品中，在一排金黄色的银杏树下，女孩手捧紫色的鲜花有所期待，男孩从女孩的身后奔跑过来，形成了动静对比构图，

▪ 光圈 F13 ▪ 焦距 200mm ▪ 感光度 100 ▪ 快门速度 1/20s ▪ 曝光补偿 −0.3EV

3.2.10 斜线构图——漫步在细软的沙滩上

在下面的这幅作品中，人物的影子、肢体以及海岸线都是呈斜线排列，节奏清晰，给人生动的感觉。同时为了增强画面的立体感，拍摄时采用了侧逆光机位。

"画有法，画无定法"，下面的这幅作品又可以看作是人像摄影中的非常规构图，构图中人物被安排在画面的上侧，并从人物的腰部处切断，虽然从画面中看不到人物的上半身和脸部，但是观者通过人物的姿体形态仍然能

感受到人物的内心世界和情感，整个画面给人以很大的想象空间，产生了一种不寻常的视觉效果。

光圈 F3.5 焦距 200mm 感光度 100 快门速度 1/2000s 曝光补偿 +0.7EV

当观者在看到左面这幅作品时，脑海中就会不自觉地浮现出像下图这样的画面：一对小情侣吹着海风漫步在细软的沙滩上，嗅着海水淡淡的咸味，握着彼此的手，在这浪漫的海滩上感受着爱情的升温。

因此，这种留有想像空间的画面比直截了当的画面更有意境，也更能让人回味无穷。

当然，这种非常规构图是建立在摄影者掌握了常规构图的基础上升华而来的，只有掌握好了常规构图，才能突破传统的构图思维，拍摄出出奇制胜的非常规构图作品。

■ 光圈 F3.5 ■ 焦距 200mm ■ 感光度 100 ■ 快门速度 1/1250s ■ 曝光补偿 +0.7EV

3.3 主题摄影构图

主题摄影作品通常是通过一组照片来表现摄影者的情感和观点，但是要想很好地把这种主题思想演绎出来则离不开形式上的美感与意境的营造，而形式上的美感与意境的营造更多时候需要合适的构图来体现。

接下来就让我们一起感受一下主题摄影的魅力所在吧。

| 3.3.1 | 梦幻马场

下面这幅作品主要是利用垂直线构图方式来表现站在马旁的美女模特。长焦镜头的利用很好地表现了画面的虚实层次感，在垂直的树干的映衬下模特显得更加修长。画面整体错落有致，有一定的纵深感；采用侧逆光机位拍摄，很好地表现了主体的轮廓，为了减少模特身体的明暗反差，使用闪光灯给模特的正面进行了适当的补光。

如何让我遇见你
在我最美丽的时刻

▪光圈 F5 ▪焦距 175mm ▪感光度 100 ▪快门速度 1/200s

　　下面这幅作品主要是利用水平线构图方式来表现俯贴在马背上的美女模特。长焦镜头的利用很好地表现了画面的虚实层次感，作为背景的垂直树干与美女的水平状态相呼应。画面整体错落有致，生动形象；逆光的利用，更好地表现了主体的轮廓，闪光灯的正面补光，又使主体清晰地表现出来；后期LOMO影调的处理，使画面更加具有一定的明暗层次和个性。

「▪光圈 F5 ▪焦距 175mm ▪感光度 100 ▪快门速度 1/200s」

最难忘的是那一低头的温柔微笑
瞬然间让我情不自禁向你靠近
浪漫的爱情花朵
此时此刻悄悄绽放

下面这幅作品主要表现了男主角对女主角的爱慕之情。骑着黑马的王子深情地凝望着羞涩的漂亮公主，就连马匹也互生好感，似乎在低语着什么。利用200mm长焦镜头拍摄，使作为背景的树木被虚化得梦幻般柔美又不失线条感；作为人物主体的王子和公主并驾而行，在一定程度上保证了画面的平衡感；从情感的表达方式上，王子在向公主眉目传情，公主显得略带羞涩，而公主所驾的棕色骏马却积极地像王子的黑骏马靠拢，整幅画面充满了浪漫气息。

▪ 光圈 F5 ▪ 焦距 200mm ▪ 感光度 100 ▪ 快门速度 1/160s

你那无与伦比的美丽
对我来说
真的很特别
我只想和你肩并肩
一起度过每一刻美好时光

　　下面这幅作品同样是利用200mm焦距镜头来实现的唯美梦幻的故事背景。在这浪漫的马场草地上，黑骏马、王子和公主依次排开，并列而站，三者之间既有一定的形态对比，又不乏情感上的呼应。人物之间的深情对望，让人充分感受到了情侣之间的彼此欣赏和爱慕之情。而黑骏马仍然是保持着自己一贯的威风和魅力，我们可以联想到，在画外的棕色骏马一定也在深情地注视着它所关注的对象。

▪ 光圈 F5 ▪ 焦距 175mm ▪ 感光度 100 ▪ 快门速度 1/200s

此刻仿佛时间停滞，
我们摒住呼吸，
深情对望，
你的眼神敲打着我的心灵，
那充满期待的浪漫爱情已经开始。

下面这幅作品通过广角镜头给人带来了另一种浪漫的视觉效果。镜头接近人物，使画面主体更加具有吸引力；人物身后的白色栅栏从画面的右侧向内部延伸，充分展现了画面的空间感；作为陪体的马匹正在悠闲自得地感受着此刻浪漫无比的氛围；公主默默地依靠在王子的怀中，闭上眼睛静静地感受着彼此的心跳声；侧逆光的利用，不仅使人物主体的轮廓感更加清晰，同时在画面中隐约可见的放射形光线，为画面注入了更多温暖梦幻的色彩。

[▪ 光圈 F8 ▪ 焦距 24mm ▪ 感光度 100 ▪ 快门速度 1/160s]

左手把烦恼抛光
右手佩戴着希望
多少美丽的诗篇就像为我们谱写
让我感动的画面就藏在你心间

这大概就是所有读者所期望的结局吧，王子终于俘获了公主的芳心，公主心甘情愿地伴随着自己心爱的王子周游世界。王子牵起公主的手，与公主共乘一匹骏马，永不分离。对角线的构图方式，灵活又不失稳定感，后期唯美色调的处理，让人产生更多的共鸣和联想。

一起手牵手
让我带着你
环绕大自然
迎着风
骑着黑骏马
一起绕世界流浪

[▪ 光圈 F5 ▪ 焦距 120mm ▪ 感光度 100 ▪ 快门速度 1/200s]

|3.3.2| 银杏树之恋

　　下面这幅作品是采用中焦镜头拍摄的，镜头位于女孩的右侧身后。画面左侧的一排银杏树干和洒满银杏叶的小路增加了画面的延伸感和空间感；采用较慢的快门速度来表现男孩的动感，与女孩的静形成了鲜明的动静对比，一下子就抓住了人们的视线，同时，由于女孩是背对着镜头，人们会想像女孩看到男孩跑过来是一种什么样的表情和心情。

[▪ 光圈 F16 ▪ 焦距 85mm ▪ 感光度 200 ▪ 快门速度 1/15s ▪ 曝光补偿 −0.3EV]

金光灿灿
落黄满地
我在银杏树下等你

下面这幅作品是采用长焦镜头拍摄的，女孩手拿红色心形盒子面向镜头优雅地站立着，男孩手拿鲜花微笑着走向女孩，焦点对在男孩身上，女孩被虚化，自然就形成了虚与实的对比，这样不仅突出了男孩的喜悦之情，而且画面也显得更加生动、引人入胜。

想你的时候
我独自来到这里
感觉那份温馨
回忆那段经历

▪ 光圈 F2.5 ▪ 焦距 200mm ▪ 感光度 160 ▪ 快门速度 1/1600s

在下面这幅作品中，女孩双手捧着红色心形盒子面向镜头优雅地站立着，男孩蹲在地上，手拿鲜花微笑着望着女孩，高低错位的安排使画面给人以诙谐、幽默之感，同时男女一左一右，形成平衡式构图，这种平衡式的画面结构能给人一种满足的感觉。

你的微笑
你的笑脸
让我的心迷失了

[▪光圈 F2.5 ▪焦距 200mm ▪感光度 160 ▪快门速度 1/1600s]

　　在下面这幅作品中，男孩手拿鲜花斜依靠在银杏树上，女孩手托男孩下巴，给人一种俏皮之感，斑驳的树影投在男孩的脸上，取得了很好的光影效果，三分法构图使得画面简洁明了，主体鲜明，富有活力。

如果说我已陷入情网
我的爱人就是你
我希望永远和你在一起

▪ 光圈 F2.5 ▪ 焦距 200mm ▪ 感光度 160 ▪ 快门速度 1/800s

在下面这幅作品中，男孩和女孩都坐在银杏树下，女孩依靠在男孩身上，脸上露出幸福的微笑，男孩则深情地注视着女孩，给人幸福温馨的感觉。同时人物的头部、臀部和脚使画面形成了三角形构图，又能给人一种生动、明快之感。

如果金色的阳光
停止了它耀眼的光芒
你的一个微笑
将照亮我的整个世界

[▪ 光圈 F2.5 ▪ 焦距 200mm ▪ 感光度 100 ▪ 快门速度 1/1000s ▪ 曝光补偿 −0.3EV]

　　下面这幅作品是采用略高一点的机位俯拍的，男孩仰起面孔，用手挡住阳光的直射，一脸的幸福陶醉之情。女孩紧紧地搂着男孩的腰部，也是一脸的幸福。

　　为了使画面清新、生动活泼，在构图时，使相机略微倾斜，形成了斜线构图。同时，采用侧光拍摄，增加了画面的立体感。

[▪ 光圈 F2.5 ▪ 焦距 200mm ▪ 感光度 100 ▪ 快门速度 1/500s ▪ 曝光补偿−0.3EV]

就这样紧紧相依
心底里流淌着甜蜜

下面这幅作品是采用略高一点的机位俯拍的，男孩右手搂着女孩，深情地注视着女孩，女孩侧倚着男孩，微笑着望着男孩。

为了使画面具有朦胧的美感，使用靠近镜头的银杏叶作为前景。同时，背景中也纳入了一定的银杏叶以增加画面的空间感。

采用三分法构图，使得画面主体鲜明、富有活力。同时，采用侧光拍摄，增加了画面的立体感。

[▪光圈 F2.5 ▪焦距 200mm ▪感光度 100 ▪快门速度 1/500s ▪曝光补偿–0.3EV]

就这样静静地依偎在你怀里
嗅着你的气息
感受着你眼里那属于我的温存和怜爱

在下面这幅作品中，女孩依靠在银杏树下，男孩双手扶在女孩的腰间，他们深情地注视着对方，脸上露出幸福的微笑。在这种九宫格构图的画面中，大面积的黄色银杏叶使得主体更加突出。

让时光停止
让情爱涌动
听你的心跳
闻着你的温情

▪ 光圈 F2.8 ▪ 焦距 200mm ▪ 感光度 100 ▪ 快门速度 1/100s ▪ 曝光补偿 −0.3EV

在下面这幅作品中，男孩和女孩手拉着手走在铺满银杏叶的小路上，顶逆光（太阳很高）照亮了他们的轮廓。这个画面采用了垂直线和中心相结合的构图方法；为了增加画面的纵深感，采用了高机位俯拍（站在梯子上），并在前景中纳入了银杏树枝。

肩并着肩
手牵着手
踏遍天涯
访遍夕阳
歌遍云和月

[▪ 光圈 F11 ▪ 焦距 200mm ▪ 感光度 250 ▪ 快门速度 1/80s]

　　在下面这幅作品中，男孩和女孩手拉着手走在铺满银杏叶的小路上，从人物的背面拍摄，预示着故事的结尾。在这张照片中，采用了垂直线和九宫格相结合的构图方法来突出主体。同时，采用贴近地面的低角度拍摄，使画面避免乏味，从而变得鲜活而生动。

海不枯
石不烂
地不老
天不荒
永远不放手

[▪ 光圈 F3.5 ▪ 焦距 200mm ▪ 感光度 100 ▪ 快门速度 1/200s ▪ 曝光补偿 –0.3EV]

CHAPTER

4

纪实构图

4.1 拍摄纪实的常见构图方法

4.1.1 | 垂直线构图——晨光中的海上垂钓

左侧这幅作品运用垂直线构图表现暖意晨光中的海上垂钓。画面中强烈的冷暖对比色，给人以水火交融般的感官刺激；而以剪影形态出现的垂钓者姿态舒展，又给人异域风情的视觉美感。同时画面也不失幽默感，垂钓者的神态、伸出的鱼竿仿佛垂钓者正在专心地想要钓起海平面上即将升起的太阳似的，使人忍俊不禁。

[▪光圈 F2.8 ▪焦距 70mm ▪感光度 400 ▪快门速度 1/800s]

4.1.2 | 居中式构图——街道上的翩翩起舞

通常居中构图的方法会给人呆板、稳定、缺少变化的视觉效果，而下面这幅作品虽然运用了居中构图法，但由于环境信息的衬托、人物体态形成的三角形以及用了大光圈虚化背景的拍摄手法，使画面活灵活现、生动美丽，使人产生一种心随舞动的共鸣。

[▪光圈 F4 ▪焦距 85mm ▪感光度 100 ▪快门速度 1/500s]

4.1.3 | 对称式构图——台上台下的互动

左侧这幅作品采用高空俯视的拍摄角度，运用对称式构图法表现夏日社区文化的繁荣景象。台上台下的疏密对比、侧逆光的光影效果都有效地丰富了画面表达，使作品有了更多的可读性、思想性。

[▪ 光圈 F4.8 ▪ 焦距 35mm ▪ 感光度 400 ▪ 快门速度 1/10s]

下面这幅作品同样运用对称式构图法，借助舞台前的一条空隙将台上台下的人员分开，使本来繁杂的画面有了秩序感。台上激情跳跃的演员与台下拍照忙得不亦乐乎的观众形成呼应，给人以群情激昂的酣畅淋漓感。

[▪ 光圈 F5.6 ▪ 焦距 200mm ▪ 感光度 200 ▪ 快门速度 1/160s]

| 4.1.4 | 斜线式构图——表现画面动感

右侧这幅作品运用斜线式构图法，使画面具有强烈的韵律感与节奏感。城市蜘蛛人的点缀有效地丰富了画面，使观赏者感受到城市美容工作者的危险、艰辛与不易，而倾斜的构图角度更加突显了攀爬的困难。整个画面主题表达充分，很容易打动人心，引发观赏者的思考。

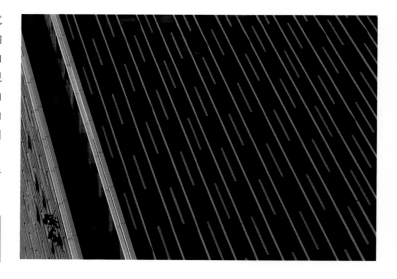

- 光圈 F8　　　　• 感光度 125
- 焦距135mm　• 快门速度 1/1000s
- 曝光补偿 −1EV

下面这幅作品同样运用斜线式构图法使画面富有动感。拍摄时利用中长焦镜头对准舞台一侧吸烟的老艺人进行抓拍，透过主体人物的眼神，使观赏者可以真切地感受到老艺人专注投入的神情，并随着烟雾缭绕的氛围强化而使人印象深刻。对于摄影来说，不需要过多的画面元素和镜头语言，有时候仅仅一个眼神，就足以引起观众的联想和共鸣。

- 光圈 F2.8 • 焦距 85mm • 感光度 560 • 快门速度 1/160s

| 4.1.5 | 对角线构图——呼应中的平衡

摄影构图应把握创作时的拍摄场景，把最优美、最丰富、最和谐、最感人的画面呈现给观赏者。照片最终效果是否具有平衡感是画面元素在构图过程中组合是否成功的重要依据。右侧这幅作品利用祖孙俩的眼神互动，勾勒出对角线的构图关系。温暖的阳光下，孩子的孝心与老人温情慈爱的眼神共同谱写出打动人心的祖孙情。

[▪ 光圈 F4　　　▪ 感光度 200
▪ 焦距 85mm　▪ 快门速度 1/800s
▪ 曝光补偿 −1EV]

| 4.1.6 | 对称式构图——天地豪情

左侧这幅作品运用一分为二的构图方法，采用低角度仰拍，将天空与地面等分。为了打破画面的呆板，安排劳动中的人物置于中心线，给人顶天立地的豪情，这种城市脊梁的形象很容易打动观赏者。

[▪ 光圈 F13 ▪ 焦距 36mm ▪ 感光度 200 ▪ 快门速度 1/125s]

4.1.7 三分法构图——热火熔炼

　　下面这幅作品运用横向三分法构图，选取工厂车间生产线上的熔炼炉进行有效排列，画面节奏感强烈，同时也带来了视觉上的空间延伸感。整幅作品中暗调的光影、厚重的色彩、热火朝天的氛围加深了观赏者的视觉感受。

■光圈 F4 ■焦距 80mm ■感光度 500 ■快门速度 1/200s ■曝光补偿−1.67EV

4.1.8 九宫格构图——光影中的独舞

　　右侧这幅作品运用九宫格构图法将人物安置于黄金分割交汇点附近，暗调的环境、天窗投射下的光线十分有力地突显了主体人物，视线汇聚效应明显，很容易抓住观赏者的眼球，引人思索。

■光圈 F4 ■焦距 200mm ■感光度 500 ■快门速度 1/200s ■曝光补偿−1.67EV

4.1.9 运用前景——最美劳动者

右侧这幅作品大面积地运用前景，营造出远、中、近的空间立体感，侧光散射的阳光洒落十分有力地丰富了画面层次感，生动地再现了车间的热闹场景，给人亲切而真实的临场感，中景人物的笑容活跃了画面气氛，使繁忙与艰苦的工作环境多了一份轻松与惬意。

- 光圈 F3.2   · 感光度 400
- 焦距116mm   · 快门速度 1/200s
- 曝光补偿 −2EV

下面这幅作品，利用四溅的火花作为前景，并使用长焦距镜头压缩场景空间，给人感觉火花近在眼前的错觉，强化了工作的危险性。迸射的火花布满整个画面，似乎要吞噬一切，而勇敢的工人表情坚毅地忙碌着，丝毫不为所动，以大无畏的精神歌颂出最美的劳动瞬间。

- 光圈 F4 · 焦距 180mm · 感光度 500 · 快门速度 1/400s · 曝光补偿 −1.67EV

|4.1.10|框架式构图——画里画外

右侧这幅作品运用框架式构图巧妙地利用了前景的汽车门窗定格住稻田的丰收场景。画面造型新颖别致，给人耳目一新的视觉美感。车窗仿佛一幅画框浓缩提炼了框内的精彩一幕，而框外的画外之音又使人猜想，富有故事性。

[
• 光圈 F7.1　　• 感光度 200
• 焦距21mm　　快门速度 1/160s
• 曝光补偿 −0.33EV
]

下面这幅作品采用低角度仰拍，借助敞开的红色大门，以框架式的构图方法烘托出狮舞闹新春的热闹场面。浓郁的中国红强化了喜庆的热烈气氛，同时对称式的构图也使画面匀称饱满，符合中国美学的平衡观。值得一提的是画面中的光影效果，在大面积的亮光映射下，大门色彩饱和鲜艳、富有质感，给人强烈的视觉冲击和美的享受。

[• 光圈 F4 • 焦距 16mm • 感光度 500 • 快门速度 1/60s]

|4.1.11| 棋盘式构图——排列中的视觉美感

右侧这幅作品着力刻画孩子们沉浸于皮影戏演出的瞬间表情。构图上运用棋盘式构图法将孩子们的各色表情散落排列，有的欢喜，有的沉思，有的入迷，有的困惑，丰富的表情很容易吸引着观赏者的视线在每一个孩子脸上游走掠过，同时心里不免忖思着：是什么在吸引着这群孩子呢？

[光圈 F2.4 ▪ 焦距 35mm ▪ 感光度 160 ▪ 快门速度 1/320s ▪ 曝光补偿−0.33EV]

下面这幅作品采用高空俯拍的视角，运用棋盘式构图描绘了绚丽多彩的工地上正紧张忙碌的工人们。画面中彩色的工地色块分明、热烈而突出，仿佛一座巨大的舞台呈现眼前；而忙碌的工人们形态各异，各有所事，仿佛一个个的演员正在演绎着自己的舞台人生，欢快地抒写着劳动者的工地之歌。

[▪ 光圈 F8 ▪ 焦距 200mm ▪ 感光度 400 ▪ 快门速度 1/250s ▪ 曝光补偿−0.33EV]

4.1.12 | 局部特写——令人印象深刻的感动

针对脸部、手部等具有鲜明特色的部位进行特写，是较为常用的纪实表达方法，浓缩的画面给人充实饱满的视觉感染力，往往令人过目难忘。

右侧这幅作品选取具有典型特征的非洲小女孩为拍摄对象，采用局部特写的构图方法表现出小女孩阳光快乐的健康形象，一改往日大家对于非洲贫苦困难的印象。作品充满了正能量与感染力，特别是女孩明亮的眼神光和开心的笑容都非常动人。

- 光圈 F7.1　　　• 感光度 200
- 焦距21mm　• 快门速度 1/160s
- 曝光补偿 −0.33EV

4.1.13 | 虚实对比——突出主体

利用长焦距、大光圈镜头虚化前后景是较为常用的构图表现手法，下面这幅作品就是使用F4的较大光圈虚化背景突出看戏的老人们。画面中有的老人津津有味地深吸一口烟，有的老人满面笑容，最精彩的莫过于半遮着耳朵，仔细聆听的老人，生动而传神地描绘出老人们的喜好与投入。

- 光圈 F4 • 焦距 85mm • 感光度 200 • 快门速度 1/640s • 曝光补偿−1EV

　　下面这幅作品同样采用大光圈进行虚化拍摄，可以看到画面中前后的景深效果，强烈的前后空间层次使画面富有立体感，而中间忧郁的小男孩更是丰富了画面趣味。

光圈 F1.8 ▪ 焦距 85mm ▪ 感光度 400 ▪ 快门速度 1/100s ▪ 曝光补偿+0.5EV

4.2 主题拍摄中的常见构图方法

面对一个事件或者一个拍摄主题，应该采用什么样的构图方法去多角度地诠释，才能拍摄出打动人心的画面，是一个日积月累的过程，而不断地运用各种构图法则进行变化取景无疑会是通往成功的必修之法。

|4.2.1| 三分法构图——婀娜舞姿

右侧这幅作品运用横向三分法构图，将主体人物置于右侧1/3处，符合视觉中心汇聚的习惯，背景虚化的人物起到了很好的陪衬和增加空间感的作用，有效地改善了背景过暗带来的空间压抑感。

[▪ 光圈 F2.8 ▪ 焦距 160mm ▪ 感光度 320 ▪ 快门速度 1/400s]

右侧这幅作品同样采用横向三分法构图，但不同于上幅作品，这张照片将镜头近距离地贴近门板拍摄，通过虚化前景的方式，牵引观赏者的视线汇聚于抻腿的舞者身上，画面具有很好的真实感和临场感。

[▪ 光圈 F1.4 ▪ 焦距 35mm ▪ 感光度 800 ▪ 快门速度 1/80s]

|4.2.2| 三角形构图——光鲜背后的疲倦

右侧这幅作品借助人物的身体姿态形成的倒置三角形进行构图，优雅的身姿给人以美的享受，同样借助虚化掉的背景人物衬托，避免了黑暗环境的单一与无趣，还原了剧情的故事性。

▪ 光圈 F2.8 ▪ 焦距 200mm ▪ 感光度 320 ▪ 快门速度 1/400s

下面这幅作品运用三角形构图，着力捕捉芭蕾舞者在后台短暂休息的瞬间，人物的疲惫神态很容易触动观赏者去思索这份职业的辛苦，而画面局部光的照射既丰富了明暗层次，又使主体更加突出。

[▪ 光圈 F1.4 ▪ 焦距 35mm ▪ 感光度 640 ▪ 快门速度 1/80s]

│4.2.3│三分法+居中式构图——"台上一分钟，台下十年功"

下面这幅作品运用三分法构图着力表现芭蕾舞者在后台苦练的精彩瞬间，虽然马上要上台演出，但舞者并不是在忐忑不安的等待中，而是以加紧苦练的方式在准备着。

[光圈 F1.4 ▪ 焦距 35mm ▪ 感光度 320 ▪ 快门速度 1/40s]

下面这幅作品运用居中构图法，从舞台后的角度描绘了芭蕾舞者登台时的精彩亮相，画面中大面积的黑色或许代表着没有观众，但对于舞者而言，在闪烁的舞台灯光下，就是一场全力以赴地演出。

[光圈 F1.6 ▪ 焦距 50mm ▪ 感光度 100 ▪ 快门速度 1/100s]

4.2.4 斜线构图——捕捉局部细节

下面这幅作品将镜头对准芭蕾舞者的腿部取景，并运用斜线构图法，带来了画面的动感与节奏感，姿态优雅的腿部即将翩翩起舞，让人期待。

［ 光圈 F1.4 ▪ 焦距 35mm ▪ 感光度 320 ▪ 快门速度 1/160s ］

4.2.5 虚实对比构图——定格沉思的瞬间

右侧这幅作品运用虚实对比的表现手法，着力刻画舞台右侧的人物表情。背景虚化的、正在起舞的人物与眼前沉思中的人物对比强烈。带着"她在想什么"的疑问，观赏者的思绪仿佛进入画面讲述的故事。

▪ 光圈 F1.4 ▪ 焦距 50mm ▪ 感光度 320 ▪ 快门速度 1/100s

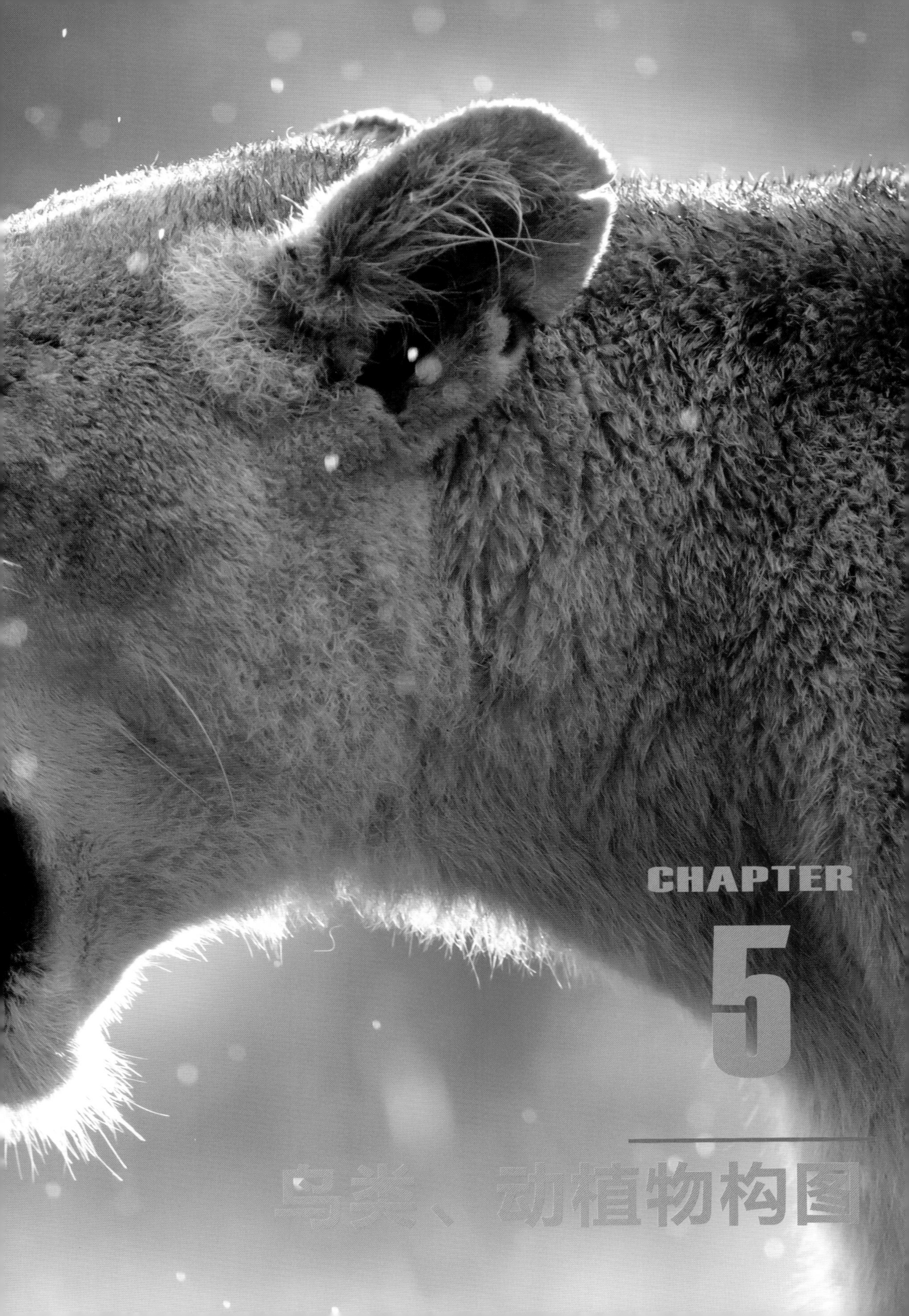

CHAPTER 5

鸟类、动植物构图

5.1 拍摄鸟类的常见构图方法

5.1.1 | 对称式构图——对影成趣

左侧这幅作品运用左右对称式构图法将画面一分为二，鲜艳的红雀在白雪的映衬下显得分外鲜亮。拍摄时有效地捕捉到其中一只红雀侧头张望的瞬间，避免了对称式构图法的呆板，画面生动而活泼，同时动感的雪花漫天飞舞，加强了画面氛围意境的表达。

- 光圈 F6.3　　　　• 感光度 500
- 焦距300mm　　• 快门速度 1/320s

下面这幅作品同样运用左右对称式构图法，采用长焦距大光圈镜头虚化背景，营造出两只灰冕鹤相亲相爱的二人世界。造型优美、互为对称的两只灰冕鹤很容易吸引观者的视觉重心，淡绿色的背景虚化柔和淡雅，有效地烘托了主体。整体画面唯美生动，给人以温馨的幸福感。

[• 光圈 F6.3 • 焦距 500mm • 感光度 1600 • 快门速度 1/500s • 曝光补偿 −0.33EV]

|5.1.2| 居中式构图——突出主体

右侧这幅作品运用居中构图的方法，着力表现野雉振翅欲飞的精彩瞬间。拍摄时采用与主体野雉位置持平的较低角度拍摄，从而营造出真切而生动的画面效果，仿佛近在眼前。

▪ 光圈 F5.6 ▪ 焦距 400mm ▪ 感光度 400 ▪ 快门速度 1/1000s

下面这幅作品同样运用居中构图的方法，将灯草雀置于画面中间，横着的枝干、灯草雀肥厚的体态，给人以稳定的画面感；飘洒而下的稀落雪丝，预示着寒冷冬日的到来；背景灰色调的选择，加重了寒意渐近的忧思情绪。整幅作品主体突出，情景表达到位。

▪ 光圈 F6.3 ▪ 焦距 500mm ▪ 感光度 640 ▪ 快门速度 1/320s

5.1.3 | 三分法构图——枝头俏立

下面这幅作品运用横向三分法构图，将俏立枝头的蜂虎鸟置于画面右侧1/3处，视觉中心突出，虚化的浅绿色背景柔和地衬托出蜂虎鸟的鲜丽色泽，同时蜂虎鸟眼睛的朝向引导观者的视线投向画面左下角。蜂虎鸟张启的长喙，使人不由地猜想，一场精彩的捕猎或许即将开始。

[▪ 光圈 F5.6 ▪ 焦距 400mm ▪ 感光度 400 ▪ 快门速度 1/200s]

不同于上幅作品，左侧这幅作品采用上下三分法，将画面中的三只山雀鸟置于画面下方1/3处，视觉节奏感强烈，背景的红花绿叶朦胧中透着春的气息，很好地交代了季节时令。最为精彩的是枝头上山雀鸟的大小不一，一字排开，特别是好像背着手的姿态，看起来仿佛正在认真地听着什么似的，令人忍俊不禁。

[▪ 光圈 F6   ▪ 感光度 1000
▪ 焦距350mm ▪ 快门速度 1/250s]

┃5.1.4┃ **垂直线构图——鹤鸣悠扬、鹰栖枝头**

左侧这幅作品运用垂直线构图，表现洁白雪地上的鹤鸣悠扬。构图上框选四只仰天长鸣的丹顶鹤为主体，着力表现步调一致的节奏感以及优雅的身形体态。整幅作品生动真切，很容易让人产生共鸣，并且给人强烈的视觉感染力。

[▪ 光圈 F6.3 ▪ 焦距 500mm ▪ 感光度 400 ▪ 快门速度 1/1600s ▪ 曝光补偿 +1EV]

下面这幅作品同样运用垂直线构图法，表现鹰落枝头的虎视眈眈。取景构图上很好地利用覆盖白雪的高山峡谷为背景，有力地表达出雄鹰出没、人迹罕至的环境信息，画面中冷暖的色调对比，使主体的四只白头鹰更加显眼。四只白头鹰的神态各异，丰富了画面内容，使作品具有了更多的可读性。

[▪ 光圈 F6.3 ▪ 焦距 400mm ▪ 感光度 400 ▪ 快门速度 1/125s ▪ 曝光补偿 +0.67EV]

5.1.5 | 九宫格构图——强调画面中的点汇聚

左侧这幅作品运用九宫格构图法，将主体置于左下方黄金交汇点，着力刻画冬日雪中的松蜡嘴鸟飞落枝头吃红果的精彩瞬间。画面背景中透出的青蓝色韵味，带有一丝清凉的寒意，高速快门凝结的白色雪粒，都使红色的松蜡嘴鸟以及枝头的红果显得格外醒目。

[▪ 光圈 F7.1 ▪ 焦距 500mm ▪ 感光度 2000 ▪ 快门速度 1/500s ▪ 曝光补偿 +0.33EV]

　　下面这幅作品同样运用九宫格构图法，将振翅的天鹅置于画面右侧的黄金交汇点。由于降低了曝光补偿以压暗四周的环境光线，白亮的天鹅显得更加醒目突出；同时采用贴近水面的较低角度拍摄，加上长焦距镜头的空间压缩感，共同营造出强烈的视觉汇聚效应。整幅作品生动而热烈，高速快门凝结的水花画龙点睛般地增强了画面的气氛，出水芙蓉般的美丽跃然画面。

[▪ 光圈 F6.3 ▪ 焦距 400mm ▪ 感光度 800 ▪ 快门速度 1/800s ▪ 曝光补偿 −0.67EV]

5.1.6 | 斜线式构图——加强画面动感

左侧这幅作品运用斜线式构图法，将蓝冠山雀站立的枝条作为活跃画面的重要元素。倾斜的枝条、斜落的飞雪以及蓝冠山雀前视的神态，步调一致、一气呵成地使画面富于动态之美。

• 光圈 F9 • 焦距 800mm • 感光度 800 • 快门速度 1/250s • 曝光补偿 +0.67EV

5.1.7 | 对角线构图——表现动感韵律

左侧这幅作品运用对角线构图法，生动地再现了两只苍鹭腾空起舞的优美姿态。柔和的画面背景中光斑闪烁，给画面蒙上了一层梦幻般的朦胧感，起舞的苍鹭身形舒展，既有大鹏展翅之傲又有嬉戏打闹的愉悦与轻松，整个画面给人以极美的视觉享受。而对角线的构图方式，使画面显得动感十足。

• 光圈 F5.6　　• 感光度 1000
• 焦距600mm • 快门速度 1/320s
• 曝光补偿 +0.33EV

5.1.8 曲线构图——优美舞姿

曲线构图可以使拍摄到的画面更富有活力与美感，通常拍摄时既可以对准鸟类自身的优美线条构思，也可以捕捉鸟类自然排列时所组成的曲线画面。

右侧这幅作品将镜头拉近拍摄主体，借用雄鹰自身弯曲的线条完成曲线构图，生动地再现了雄鹰振翅捕猎的凶猛之态。画面紧凑、生动而饱满，使人过目难忘。

- 光圈 F6.3   • 感光度 800
- 焦距200mm • 快门速度 1/2000s
- 曝光补偿 +0.33EV

下面这幅作品则是利用一群白鹭嬉闹时共同形成的弯曲线条很好地表现出白鹭优美的体态身姿。画面有动有静，特别是中间起舞的白鹭，撩起水花，姿态舒展，使画面生动而真实，同时还具有一定的故事性，引人思索，而恰到好处的光影效果使白鹭的羽毛质感强烈。

[• 光圈 F4.8 • 焦距 105mm • 感光度 200 • 快门速度 1/1600s]

5.1.9 | 运用前景——强化画面空间层次

右侧这幅作品采用贴近地面的拍摄角度，将近景的草木的纳入画面，以增加画面的空间层次感。由于长焦距、大光圈镜头的作用，整个画面前后景虚化效果明显，给人以梦幻般的朦胧享受，而站立在浅色草丛中的深色黑琴鸡十分突出，仿佛从梦中走来一般，点睛的红色顶冠更是打破了画面的灰暗基调，有效地生动了画面。

[• 光圈 F5 • 焦距 600mm • 感光度 1000 • 快门速度 1/200s • 曝光补偿 −0.33EV]

相比上幅作品，下面这幅作品则更为精妙地利用翠鸟捕捉小鱼蹦起的水花作为前景，既丰富了画面层次，又生动而热烈地再现了翠鸟捕鱼时的激烈场景。翠鸟伸展而略带动感的振翅、四溅的水花，给画面带来了强烈的视觉感染力与冲击力。

[• 光圈 F6.3 • 焦距 280mm • 感光度 1600 • 快门速度 1/2000s • 曝光补偿 −0.63EV]

5.1.10 倒影构图——顾影自赏

　　下面这幅作品运用倒影构图，再现了大天鹅踏水时蹦起水花的精彩瞬间。压暗的环境光有效地突出了主体天鹅，黑白色对比强烈，而天鹅红色的喙更是活跃生动了画面。有趣的是，天鹅低头曲颈的神态仿佛正在欣赏自己的美姿，给画面增添了灵气与趣味。

■ 光圈 F5.6 ■ 焦距 400mm ■ 感光度 400 ■ 快门速度 1/800s ■ 曝光补偿 −0.67EV

5.1.11 虚实对比——改善画面层次、突出主体

　　右侧这幅作品通过虚化背景中的北极海鹦及山崖海面，来着重突出左侧近景的海鹦，从画面表现来看，朦胧的背景交代了所处的环境，反方向张望的两只海鹦好像被什么吸引住了，而眼前的这只淡定而从容望着海的尽头，仿佛在思索着什么，很有一种领袖风范，画面趣味盎然，引人思索。

■ 光圈 F5.6　　■ 感光度 160
■ 焦距400mm ■ 快门速度 1/400s

|5.1.12| 疏密对比——增加画面情趣

右侧这幅作品运用疏密对比的构图方法，描绘出一群鹦鹉站立枝头而一只独飞的趣味瞬间。树枝上的鹦鹉排列有序，左上角振翅飞来的鹦鹉仿佛正在寻找落脚点，而右下角刚刚落枝的鹦鹉平衡了画面关系，进一步的生动了画面。

[▪ 光圈 F5.6 ▪ 焦距 600mm ▪ 感光度 800 ▪ 快门速度 1/2000s]

|5.1.13| 动静对比——灵动瞬间

下面这幅作品运用动静对比的构图方法，将站立枝头与飞羽而来的食蜂鸟进行有效的对比，一动一静之间描绘出食蜂鸟的两种姿态，既有亭亭玉立枝头的俏丽，又有振翅飞舞的灵动，鲜明的对比效果，将食蜂鸟的优美展现的淋漓尽致，给观者以美的享受。同时画面也不乏趣味性与故事性，拟人化地表现出飞羽的食蜂鸟仿佛正在追求枝头心上人的精彩瞬间。

[▪ 光圈 F9 ▪ 焦距 500mm ▪ 感光度 1600 ▪ 快门速度 1/3200s]

5.1.14 | 点缀构图——表现意境美感

如此唯美、梦幻的画面当然离不开一定的拍摄技巧，下面这幅作品采用长焦距镜头，压缩画面空间感，将硕大的落日置于画面中间，同时捕捉到几只飞翔的归鸟，虽然鸟的画面占比很小，但在画面意境表达中起着至关重要的作用，因此我们可以把落日和飞鸟并列为画面的主体要素。

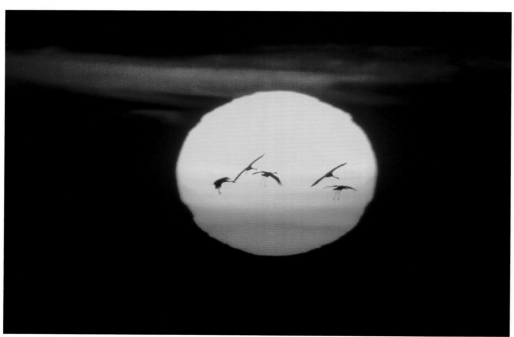

▪ 光圈 F6.3 ▪ 焦距 600mm ▪ 感光度 800 ▪ 快门速度 1/250s ▪ 曝光补偿 -1EV

5.1.15 | 局部特写——描写性格特征

▪ 光圈 F5.6 ▪ 焦距 400mm ▪ 感光度 800 ▪ 快门速度 1/400s

不同于上幅作品蜻蜓点水般的恰到好处，左侧这幅作品将镜头拉近对准猫头鹰的局部进行描绘，生动地再现了其凶悍的野性本色。这种特写表现的构图方法，往往容易使人产生共鸣与想象。正如图中猫头鹰凶狠的目光以及尖锐的喙给人以强烈的威慑力，很容易让观者联想到其在捕猎中的凶猛无比。

5.2 拍摄动物的常见构图方法

5.2.1 居中构图——稳定感与温馨感

右侧这幅作品运用居中构图法，着力表现阳光下两只可爱的小羊温馨相依的动人画面。侧角度的光线照射使画面光感格外出彩，映照在两只小羊身上的轮廓光，使毛色看起来富有光泽与质感。同时利用大光圈、长焦距镜头有效地虚化了背景，使画面呈现出浅绿色调，给人一种清新自然、心旷神怡之感，有效地烘托了画面中的幸福温馨感。

- 光圈 F2.8   - 感光度 200
- 焦距145mm - 快门速度 1/800s

5.2.2 三分法构图——动感的可爱小猫

下面这幅作品采用横向三分法构图，以贴近地面的拍摄视角，定格草地上奔驰跳跃而来的黑色小猫，画面生动而富有朝气，小猫翘起的尾巴更是给人灵活、可爱的视觉享受。同时颇具特色的白色面部、猫爪以及蓝色的眼睛避免了画面的单一，增加了画面的可看性。

- 光圈 F4 - 焦距 125mm - 感光度 200 - 快门速度 1/320s

[▪ 光圈 F8 ▪ 焦距 340mm ▪ 感光度 320 ▪ 快门速度1/500s]

右侧这幅作品则是采用水平三分法构图，将主体的一对马匹置于画面下方1/3处，着力表现晨雾中四野俱寂、马儿悠闲吃草的美丽景象。画面层次分明，空间感强，既有侧逆光照射下的马影，又有中景若隐若现的树木以及远处阳光散射中的晨雾缥缈。

[• 光圈 F13　• 感光度 200
　• 焦距35mm • 快门速度 1/640s]

5.2.3 | 九宫格构图——猎豹的英姿勃发

下面这幅作品运用九宫格构图法将主体的猎豹置于画面左上角的黄金交汇点，视觉中心突出，暖暖的阳光、枯黄的野草衬托着猎豹那略带慵懒的身姿，而竖起的脑袋，警觉地望着远方，又给这份惬意时光带来了不同的画面表达，一场捕猎或许即将上演。

[• 光圈 F5.6 • 焦距 300mm • 感光度 400 • 快门速度 1/1000s]

5.2.4 | 斜线式构图——优雅的回眸瞬间

右侧这幅作品运用斜线式构图法，难能可贵地捕捉到三只驯鹿共同回眸的精彩瞬间，画面富有动感与节奏感，虽然取景角度看不到驯鹿的面部表情，但却有了"犹抱琵琶全遮面"的意境，使观者很容易好奇地随着它们的视线角度伸向远方。

[▪ 光圈 F5.6 ▪ 焦距 500mm ▪ 感光度 250 ▪ 快门速度 1/250s ▪ 曝光补偿 −0.33EV]

5.2.5 | 对称式特写——突出性格特征

下面这幅作品运用对称+特写的构图方法，将镜头对准大象局部进行表现，画面比例对称平衡，富有质感的纹路以及略带忧伤的眼神，很有视觉冲击力，不仅为画面留下了悬念，而且给观众留下了更多的想象空间。同时黑白的色调处理也使画面的表达更上层楼。

▪ 光圈 F5.6 ▪ 焦距 200mm ▪ 感光度 2000 ▪ 快门速度 1/250s ▪

5.3 拍摄植物、昆虫的常见构图方法

5.3.1 | 三分法构图——魅惑花语

左侧这幅作品运用横向三分法将弯曲婉约的虞美人置于画面左侧1/3处，逆光的拍摄角度勾勒出优美的曲线，金色的光芒灼灼生辉、质感强烈，美丽的虞美人好似起舞歌唱般的楚楚动人。整个画面情景交融，很像是一幅台上台下互动的演出现场，阳光好似舞台的灯光照射，而大光圈虚化的闪烁光斑好似一群观众正在欣赏着台上的精彩演出。

[▪ 光圈 F7.1 ▪ 焦距 280mm ▪ 感光度 400 ▪ 快门速度 1/125s]

5.3.2 | 斜线式构图——亲密的相依相偎

同上幅作品一样，下面这幅作品同样拍出了植物花卉"活"的感觉，运用斜线式构图拟人化地将两朵花球相依相偎的瞬间定格，强烈地红绿对比色，色彩鲜亮，主体突出，几支树叶的轻轻遮挡，使相依的两朵花多了一份羞涩与含蓄，整幅作品意境动人，内涵丰富，给人以美的畅想。

[▪ 光圈 F4.5 ▪ 焦距 180mm ▪ 感光度 1250 ▪ 快门速度 1/125s]

5.3.3 | 垂直线+三角形构图——表现"红杏出墙"

右侧这幅作品成功地运用垂直线与三角形组合构图，表现出春意花开的有趣场景。背景中的绿色草地有效地丰富了画面的色彩构成，同时保证了视觉空间的延伸，避免了画面的单一感与平面感。而有趣的画面寓意——竖立的栅栏无法阻挡花儿"红杏出墙"般的盎然生机，升华了画面主题，给人忍俊不禁的悠长回味。

[▪ 光圈 F5.6 ▪ 焦距 200mm ▪ 感光度 1000 ▪ 快门速度 1/160s]

5.3.4 | 放射线+特写构图——芬芳吐蕊

下面这幅作品以微观的拍摄视角，利用花蕊自身的放射线条，重点刻画了花朵芬芳吐蕊的美丽。明暗的光影效果使花瓣的质感强烈，淡粉的色彩透着优雅，仿佛可以让人闻到花的芬芳。

[▪ 光圈 F4.5 ▪ 焦距 100mm ▪ 感光度 100 ▪ 快门速度 1s]

| 5.3.5 | 大小对比——绽放的渴望

　　下面这幅作品运用大小对比的构图方法，展现出荷花含苞待放与绚丽绽放的各自韵味。挺拔修长的荷苞与掩面芬芳的荷花彼此张望，共同演绎着夏日的绚丽多姿，而飞来的蜜蜂，巧妙地生动了画面，让嫉妒地荷苞忍不住微微地弯着躯干去看那花蕊的怒放与妖娆。

光圈 F4 ■ 焦距 200mm ■ 感光度 400 ■ 快门速度 1/640s ■ 曝光补偿 -0.7EV

|5.3.6| 虚实对比——茫茫中的相守

右侧这幅作品利用低角度大光圈的的拍摄方法，运用虚实对比的构图方法，表现出苍茫野丛中的孤零相守。浅绿色的前后背景使画面透着梦幻般的色彩感，黄色的花朵显得分外鲜艳，而几处杂草又将我们拉回真实存在的世界。

▪ 光圈 F5.6 ▪ 焦距 300mm ▪ 感光度 200 ▪ 快门速度 1/320s

|5.3.7| 对称式构图——"共进午餐"的浪漫温馨

花朵和昆虫的同时出镜头，让人充分地感受到了大自然的和谐之美。在下面这幅作品中，花纹炫彩的两只蝴蝶对称的站立在白色花朵上，洁白的花瓣、嫩黄的花蕊以及清绿的背景，突出了蝴蝶的真实存在感，对视交流的一对蝴蝶，仿佛正在享受着一场温馨浪漫的午餐时光。

▪ 光圈 F22 ▪ 焦距 100mm ▪ 感光度 100 ▪ 快门速度 1/60s

[▪ 光圈 F22 ▪ 焦距 100mm ▪ 感光度 1000 ▪ 快门速度 1/60s]

5.3.8 | 垂直线构图——美丽蜕变

右侧这幅作品运用垂直线构图，再现了美丽蝴蝶的蜕变过程。从左至右、由小到大的依次排列使画面很有节奏感与韵律感，形态的变化不同，又为画面带来了丰富的内容含义。

[•光圈 F22 •焦距 100mm •感光度 100 •快门速度 1/125s]

5.3.9 | 斜线式构图——风雨中的顽强

下面这幅作品有效地利用了蜻蜓、枝条、雨丝的倾斜表现出画面的动感。画面中侧逆光的照射角度，给人一种暖暖的感觉，而密集的雨丝又使画面逆转性地表达出风雨中顽强坚守的画面主题。

[•光圈 F5.6 •焦距 85mm •感光度 200 •快门速度 1/125s]

5.3.10 对角线构图——秋日的进补

每一种生物都有它的特别之处，要拍摄生物，就要学会观察和发现专属于它们自己的美。对角线构图最大的作用就是能够在画面中融入动感。右侧这幅作品采用倾斜地构图角度突出了动态，生动而真实的再现了螳螂捕食中的精彩瞬间。紧攥的螳臂、警觉地探视目光，仿佛生怕自己的猎物被夺走一样；而鼓起的腹部、干枯的树枝则交代了环境时节，表明秋色已深。

[▪ 光圈 F22 ▪ 焦距 100mm ▪ 感光度 100 ▪ 快门速度 1/60s]

5.3.11 九宫格构图——"也想分享果实"的幽默

下面这幅作品大面积取景黄色的稻穗，而将红色的瓢虫置于左下角的黄金交汇点，整幅作品简洁有力、视觉突出。值得一提的是，画面小景中表现出的大智慧，原本吃虫的瓢虫仿佛闻到了稻穗的芳香，因此羡慕地闯了进来，想要分享这丰收的果实。

▪ 光圈 F6.3 ▪ 焦距 60mm ▪ 感光度 200 ▪ 快门速度 1/160s

CHAPTER

6

用光原理与黄金法则

6.1 基本光质详解

光线对于摄影，尤其是户外摄影有很大的影响。光线不仅可以影响画面的明暗程度，还可以给画面带来一定的色彩。可以说，没有光线，摄影就无法进行。在摄影中，不同性质的光线会起到不同的作用。从光线的性质特点来分，光线有直射光、散射光和反射光三种。而自然光线中的直射光和散射光分别对应着影棚摄影中的硬光和软光。接下来分别介绍直射光、散射光和反射光的特点和作用。

■ 光圈 F10 ■ 焦距 90mm ■ 感光度 160 ■ 快门速度 1/125s

■ 直射光下的长城明暗层次分明 ■

在晴朗的天气里，阳光没有经过任何遮挡直接照射到被摄体，被摄体受光的一面就会产生明亮的影调，而不直接受光的一面则会形成明显的阴影，这种光线被称为直射光。在直射光下，受光面与不受光面会有非常明显的亮度反差，因此，很容易产生立体感。通常情况下，在自然的直射光线或者影棚内的硬光条件下进行拍摄时，摄影者经常会利用反光板来对被摄体阴影部分进行一定的补光，使画面效果看起来更自然一些。

■ 光圈 F2.8　　■ 感光度 250
■ 焦距 35mm　■ 快门速度 1/100s

■ 直射光下的人物照片光影效果明显 ■

　　当阳光被云层或者其他物体所遮挡，不能直接照射被摄体，只能透过中间介质照射到被摄对象上。此时，光会产生散射现象，这类光线被称为散射光。由于散射光所形成的受光面及阴影面不明显，明暗反差较弱，因此产生的画面效果比较柔和。

▪ 光圈 F2 ▪ 焦距 200mm ▪ 感光度 100 ▪ 快门速度 1/640s ┃

▪ 散射光下的清新淡雅人像 ▪

▪ 散射光有利于色彩的表现 ▪　▪ 光圈 F5 ▪ 焦距 70mm ▪ 感光度 200 ▪ 快门速度 1/100s ▪ 曝光补偿 +1.67EV ┃

反射光是指光源所发出的光线，不是直接照射被摄体，而是先对着具有一定反光能力的物体照明，再由反光体的反射光对被摄体进行照明。反射光的照明性质受反光体表面质地的影响。光滑的镜面反光物体所反射出的光线具有直射光的性质，而粗糙的反光物体反射出的光线则具有散射光的性质。在摄影创作中，最常用的反光工具是反光板和反光伞。尤其是在影棚摄影中，摄影师经常利用反射光来进行创作。

▪ 光圈 F1.8　　▪ 感光度 200
▪ 焦距 35mm　▪ 快门速度 1/400s

▪ 利用反射光给人物补光使人物面部生动清晰 ▪

▪ 利用水面的反射光表现水岸一色 ▪　　▪ 光圈 F14 ▪ 焦距 75mm ▪ 感光度 200 ▪ 快门速度 1/4s ▪ 曝光补偿 −1.33EV

6.2 摄影光线的方向和应用

在拍摄过程中，光线的照射方位不同，其产生的画面效果也不尽相同。光线按照射方向的不同，大致上可以分为顺光、斜侧光、侧光、逆光、侧逆光和顶光。

顺光是最为常见的光线照射条件，顺光的照明方向与照相机的拍摄方向是相一致的。对摄影者来说，顺光的利用率很高。由于光线的直接投射，顺光照明均匀，阴影面少，并且能够隐没被摄体表面的凹凸不平，使被摄体影像明朗。但是顺光难以表现被摄体的层次和线条结构，从而容易导致画面平淡。

- 光圈 F8 　- 感光度 200
- 焦距 95mm 　- 快门速度 1/400s

- 顺光拍摄色彩鲜艳的黄石公园 -

斜侧光是指摄影者的拍摄角度和光线的照射方向有一个约45°的夹角。斜侧光在风光摄影、建筑摄影等方面得到了广泛的应用。利用斜侧光拍摄，照片中会出现物体的阴影，这有利于增加画面的立体效果。但是从总体上来说，画面中的主体和大部分景物仍然在正常的光线照射范围内，画面仍保持着明快的影调，这样，对于曝光的控制也相对简单。

- 光圈 F11 　- 感光度 100
- 焦距 20mm 　- 快门速度 1/30s

- 斜侧光拍摄阳光洒落的雪山之巅 -

侧光是指光线的照射角度和摄影者的拍摄方向基本成90°角。侧光在摄影创作中主要应用于需要表现强烈的明暗反差或者展现物体轮廓造型的拍摄场景中。

- 光圈 F6.3　- 感光度 200
- 焦距28mm　- 快门速度 1/800s
- 曝光补偿 −0.33EV

- 侧光角度下拍摄的风土人情 -

　　逆光条件下，摄影者的拍摄方向和光线的照射方向完全相反，被摄主体和背景会存在着极大的明暗反差。由于光源位于主体之后，光源会在被摄主体的边缘勾画出一条明亮的轮廓线。有些被摄体例如花瓣、树叶等，在逆光的情况下会被光线打透，此时，利用相机的点测光模式，对主体测光，往往容易得到深暗的背景。在进行逆光拍摄时，摄影者最好利用遮光罩来避免眩光。如果不对被摄主体进行补光，还可能出现剪影的效果。

- 逆光角度下拍摄塞纳河上的动感巴黎 -

- 光圈 F16 - 焦距 16mm - 感光度 100 - 快门速度 1/60s -

　　侧逆光和逆光的光线方向有45°的偏差，与逆光相比，侧逆光可以带来更明显的物体立体感和更容易控制的拍摄角度和方式。由于侧逆光无须直视光源，摄影者可以更加轻松地避免眩光的出现。同时，在侧逆光条件下的曝光控制相比于逆光来说，也要更容易些。

- 光圈 F4　　　　- 感光度 200
- 焦距 195mm　- 快门速度 1/800s

- 侧逆光拍摄光影中的训练斗鸡 -

　　顶光是指从头顶上方直下与相机成90°角的光线。顶光对于摄影者来说，是很难让照片呈现完美的光影效果的。在拍摄风光题材时，顶光更适宜表现表面相对平坦的景物。如果顶光运用恰当，其也可以为画面带来饱和的色彩、均匀的光影分布和丰富的画面细节。

- 光圈 F5.6　　- 感光度 200
- 焦距 235mm　- 快门速度 1/400s

- 高角度顶光拍摄夏日的海滩风情 -

6.3 了解色温

光圈 F11 ▪ 焦距 50mm ▪ 感光度 100 ▪ 快门速度 1/400s ▪

色温，其字面意思为色彩的温度。任何物体受热就会开始发光，当温度处于绝对零度时，任何物体都是黑的，随着温度的升高，黑体开始发出不同颜色的光线，在升温的不同阶段，物体呈现的颜色不断变化，天体物理学家就是通过观察遥远星系的光线色彩判断其温度的。对黑体加热直到发光，在不同温度呈现出的色彩就是色温，单位为K（开尔文）。

色温的概念晦涩难懂，下面通过表格列举不同光源的色温。

光源	色温（K）
钨丝灯泡	2600~3500
日光灯	4000~4500
晴朗天气太阳光	5100~5500
闪光灯	5500~5800
阴天光线	6000~6300

▪ 高色温值表现暖色夕阳下的捕鱼瞬间 ▪

光圈 F7.1 ▪ 焦距 21mm ▪ 感光度 100 ▪ 快门速度 20s ▪ 曝光补偿 −2EV ▪

▪ 低色温值表现暮色下的海湾寂静 ▪

▪ 冷暖调结合的海岸风光 ▪　[▪ 光圈 F8 ▪ 焦距 67mm ▪ 感光度 50 ▪ 快门速度 14s]

CHAPTER

7

风光用光

7.1 风光拍摄中的用光角度

7.1.1 顺光角度——蓝天白云下的马场

顺光是最常见的光线照射条件，顺光拍摄的曝光控制也是最容易掌握的。在顺光情况下，拍摄方向与光线的方向基本一致，得到的画面往往也是非常的明亮清晰。由于光线的直接投射，顺光情况下的被摄体色彩往往表现得不够浓郁和强烈，反差也比其他光线条件下要小得多，这就要求摄影者充分利用色彩变化、拍摄角度和物体形态的选取等表现手法，来避免画面的平铺直叙。

左侧这幅作品采用顺光角度拍摄，画面清晰而明朗。在画面的布局安排上，利用一匹匹马儿的渐次排列，使视线随之延伸至远处仿佛匍匐于地面的云朵，营造出极好的空间延伸感；同时在色彩的把握上，着重表现了蓝天白云下的各色马鞍，油润的色彩使人印象深刻，整体画面使人宁静而平和。

[▪光圈 F14 ▪焦距 21mm ▪感光度 100 ▪快门速度 1/250s ▪曝光补偿 −1EV]

7.1.2 侧光角度——草原上的独舞

侧光在摄影创作中，主要应用于需要表现强烈的明暗反差和物体轮廓造型的拍摄场景。此时的光源位于被摄体一侧，光线的照射角度和摄影师的拍摄方向基本呈90°。

右侧这幅作品采用侧光角度拍摄，运用一分为二的构图方法分割天空与地面，同时以仰拍的视角，表现白桦树形单影只的孤独落寞感；但从另外一种角度看，画面中也隐约传递出一种孤傲迎风的倔强与洒脱。

[▪光圈 F16 ▪感光度 100
▪焦距21mm ▪快门速度 1/320s
▪曝光补偿 −1EV]

| 7.1.3 | 前侧光角度——长城晨晖

　　前侧光一般是指摄影者的拍摄角度和光线的照射方向有大约45° 的夹角，利用前侧光进行拍摄，画面中会出现阴影，从而增强照片的明暗反差和立体效果。

左侧这幅长城日出的建筑作品，受光线照射方向、拍摄位置和建筑位置朝向的影响，在画面的部分位置出现了物体的阴影，从而表现出了一定的立体感和明暗对比，画面因此也显得更有空间感。

[▪ 光圈 F10 ▪ 焦距 70mm ▪ 感光度 160 ▪ 快门速度 1/160s ▪ 曝光补偿 +0.33EV]

| 7.1.4 | 侧逆光角度——洒满阳光的蒙古包

　　下面这幅作品主要是以低矮的蒙古包作为拍摄对象，光线从画面右后方照射进来，打在了具有一定次序感的蒙古包上。由于此时正处于太阳刚刚升起的时刻，因此光线的入射角度非常低，这样就

使蒙古包有了长长的阴影，并且蒙古包之间都具有一定的间隔，因此草地上光亮的部分和阴影部分交错排列，让观者者充分感受到了侧逆光所带来的节奏感，而人物的点缀更是有效地活跃了画面。

[▪ 光圈 F11 ▪ 焦距 200mm ▪ 感光度 200 ▪ 快门速度 1/80s ▪ 曝光补偿 −1EV]

7.1.5 逆光角度——夕阳下的飞鸟归巢

逆光条件下，摄影者的拍摄方向和光线的照射方向完全相反。利用逆光拍摄得到的效果与顺光画面完全相反，照片中的拍摄主体和背景会存在极大的明暗反差。由于光源位于主体之后，光线往往会在拍摄主体的边缘勾画出一条明亮的轮廓线，这种奇妙的效果可以使被摄物体从照片背景中脱颖而出。强烈的明暗反差和十足的立体效果都能为照片增色不少。

右侧这幅作品采用逆光角度拍摄，有效地抓住了太阳半遮半露、光照较弱的时刻，针对太阳上方较亮的云层进行测光以保证整体曝光平衡，同时利用长焦镜头压缩画面空间的特性，使飞翔的天鹅与太阳云层融为一体，充满意境，而黑色的云层与飞鸟的剪影轮廓也为画面增添了一份神秘的气息。

▪ 光圈 F9 ▪ 焦距 300mm ▪ 感光度 100 ▪ 快门速度 1/320s

7.1.6 顶光角度——海上扬帆

顶光是指光线的照射方向和相机的拍摄方向大致成垂直关系的光线，这种光线一般在中午前后出现。在风光摄影中，顶光更适合表现相对平坦的景物。右侧这幅作品采用高角度拍摄于中午的顶光照射条件下，可以看出顶光的作用使画面明亮硬朗，整体细节丰富，色彩饱和。

▪ 光圈 F8 ▪ 焦距 1355mm ▪ 感光度 160 ▪ 快门速度 1/400s

7.1.7 | 漫射光——雾漫东江

散射光虽然在塑造形态方面相对平淡，但并不妨碍它的实用性。与直射光相比，散射光对画面色彩的表现能力占有绝对优势。下面这幅作品就是在散射光条件下拍摄的，在雾气弥漫的江面上，一叶扁舟摇曳，水波纹轻轻拂动，仿佛不忍心打破这份静；打渔人、红色的灯笼映衬在青山绿水间显得分外醒目，整个画面清新淡雅，给人一种恍若仙境的梦幻诗意。

[▪ 光圈 F5 ▪ 焦距 70mm ▪ 感光度 200 ▪ 快门速度 1/6s ▪ 曝光补偿 -2EV]

7.1.8 | 散射光——山岭奇骏

清晨的山谷，雾气袅袅，总是给人以神秘的幽深猜想。当朝阳从厚厚的云层中投射出一缕缕光线洒落整个山谷时，沉睡一晚的山岭仿佛刚刚苏醒，慵懒地感受着温暖阳光的沐浴。散射光线的利用活跃了画面，给本来低调的画面增添了几份神秘的气息。

[▪ 光圈 F7.1 ▪ 焦距 160mm ▪ 感光度 100 ▪ 快门速度 1/200s ▪ 曝光补偿 +0.33EV]

7.2 不同时间段的用光方法

| 7.2.1 | 侧光角度——海面晨光与暮色坝上

日出和日落时，是一天当中光线最好、最具表现力的时刻。左侧这幅作品拍摄于阳光初升的海面，由于太阳的角度较低，近处海面洒满阳光、金光灿灿，而远处海面及远山依然透着晨曦时不愿醒来的幽幽寒意，画面中强烈地冷暖对比给人一种别样的视觉美感。

- 光圈 F11　- 感光度 250
- 焦距 105mm　- 快门速度 1/160s

下面这幅作品同样是采用侧光角度拍摄，着力表现出坝上金秋的五彩缤纷之美。拍摄时利用傍晚时分光线角度较低、光照较弱的特点，使拍摄到的画面看起来光比适中、影调过渡自然，色调饱和艳丽。同时在测光时，选择对准黄色树叶测光，确保了叶子色调的完美再现，而设置−0.67挡的曝光补偿，使树叶的色彩看起来更加丰富鲜艳，整个画面在阳光的照耀下仿佛注入了新的活力，生机而富有动感。

- 光圈 F18 - 焦距 21mm - 感光度 31 - 快门速度 0.8s - 曝光补偿 −0.67EV

| 7.2.2 | 逆光角度——暮色村头与晨光郊外

右侧这幅作品采用逆光角度拍摄，针对夕阳边缘与树梢重叠部分测光，同时设置−1.33挡的曝光补偿，以避免阳光过曝。画面中可以看到夕阳西下，映红了半边天，村头的小河闪烁着金色的光芒，弯弯曲曲的扭动着，仿佛在欢快地吟唱，而稀落的树木似乎没有那么好的心情，孤零零地目送着将要落山的太阳，含着一丝丝的悲凉。

[▪ 光圈 F8 ▪ 焦距 100mm ▪ 感光度 160 ▪ 快门速度 1/800s ▪ 曝光补偿 −1.33EV]

下面这幅作品拍摄于早晨的郊外公园，逆光的拍摄角度、折射的眩光使画面看起来栩栩如生、如梦似幻、恍若美丽的童话世界一般，思绪不由地联想到白雪公主与七个小矮人的故事。由于清晨的太阳受云层遮挡，光线不是很强，因此画面的色彩细节得到了很好的还原，特别是云层、绿地、小屋细节丰富、色彩艳丽，给以一种爱不释手、不忍移目的视觉享受。

[▪ 光圈 F8 ▪ 焦距 21mm ▪ 感光度 100 ▪ 快门速度 1/160s ▪ 曝光补偿 −0.33EV]

| 7.2.3 | 逆光角度——剪影下的黎明与暮色

逆光是一种个性鲜明的光线，利用逆光拍摄，总会给人呈现出不同感觉的画面和制造出源源不断的惊喜。下面两幅作品，一早一晚，都是运用逆光角度拍摄出与众不同的画面效果。

左侧这幅作品拍摄于黎明前夕，曙光微曦，剪影中的人物、树木、车辆正演绎着一场踏足远方的旅行故事。拍摄时选择坡岭上方色彩最红的位置测光，以保证天空亮度、色彩准确还原。

[▪ 光圈 F11 ▪ 焦距 200mm ▪ 感光度 64 ▪ 快门速度 1/5s ▪ 曝光补偿 −1EV]

下面这幅作品拍摄于傍晚时分的黑水城，由于画面的建筑是以阴暗的剪影形式出现的，泛着一抹红的蓝色夜空和一轮当空高挂的明月成为画面的主要色彩部分。为了更好地表现夜空的色彩，拍摄时

利用点测光模式对准天空精确测光。当然，如果想加深画面的色彩，可以通过减少曝光补偿的方式，使画面看起来更加深邃与神秘。

[▪ 光圈 F9 ▪ 焦距 66mm ▪ 感光度 200 ▪ 快门速度 20s ▪ 曝光补偿 −2EV]

| 7.2.4 | 利用自然光和水体反射拍摄水天一色

在一幅风光照片中，如果涟漪微动的水面能倒映出岸边的实景是很美的，因为倒影能为画面增添一种宁和安静的神韵。

下面这幅作品拍摄的是湖畔的公园美景，蔚蓝的天空布满了白云，处处绿意盎然、生机勃发，平静的水面犹如一面镜子倒映出满池春色，整个画面浑然一天，仿佛一处奇幻的世外桃源，让人陶醉。构图上采用一分为二的对称式构图来表现水天一色的融洽，同时有效地运用前景的小草，既丰富了画面结构，又加强了画面的层次感与空间感，也使倒影中的画面不再单一。由于水面的反光常会给摄影者造成视觉上的错觉，容易造成画面曝光偏亮或者偏暗，这时可以适当调整曝光补偿来得到自己最想要的效果。

另外，在拍摄水中倒影的画面时，镜头很容易受到水面上杂乱的反射光干扰，因此建议使用遮光罩或者偏光镜拍摄。

[■ 光圈 F6.3 ■ 焦距 24mm ■ 感光度 200 ■ 快门速度 1/50s]

右侧这幅作品拍摄于傍晚的落日时分，画面中天空的彩云映射在水面上，灼灼生辉，质感强烈，疾驰的快艇打破水面的平静，带来暮归的画面主题表达。构图上同样运用一分为二的对称式构图，借助水面倒影表现暮色中的古阁春秋。

[■ 光圈 F8 ■ 焦距 24mm ■ 感光度 200 ■ 快门速度 1/6s ■ 曝光补偿 −0.5EV]

| 7.2.5 | 清晨时分的漫射光与散射光

下面这幅作品拍摄于清晨的河岸，低强度的太阳光照受到河面水气的折射，以漫射光的方式将河水两岸笼罩在暖色的雾气腾腾之中，画面呈现柔和朦胧的视觉效果，扭头的牛儿被安排在黄金分割点上，视觉突出，给人以丰富的想象空间。

[• 光圈 F11 • 焦距 200mm • 感光度 100 • 快门速度 1/125s • 曝光补偿 −1.33EV]

[• 光圈 F11 • 焦距 21mm • 感光度 64 • 快门速度 1/320s • 曝光补偿 −0.67EV]

清晨的海边，阳光透过云层洒下道道光芒，即将破裂的云层给人以瞬间爆发的视觉冲击感。地面上近景的雕塑海龟仿佛有了生命似的的划动四肢，享受着好似雨过天晴后的阳光洒落，而远处的钓鱼人显得悠闲自得，画面中的一张一弛，营造出强烈的戏剧效应，使人印象深刻。

|7.2.6| 利用清晨的光线营造冷暖辉映

　　利用天气变化的客观影响，可以为画面营造不同的色调感。下面这幅作品拍摄于清晨破晓时分，初升的阳光照耀在遍布树木的山坡上，时值秋日，树叶的颜色处于黄绿交接的阶段，色彩非常丰富绚丽；而山体背阴的一面以及弯曲的河道，纯净而清冷，色温较低，雾气袅袅中透着幽静与神秘。两者强烈的冷暖色对比带来了极大地视觉冲击感与震撼感。构图上，远、中、近景，层次分明、错落有致，呈渐进式分布，给人舒展的立体空间感与延伸感。

　　• 光圈 F9 • 焦距 200mm • 感光度 200 • 快门速度 1/320s • 曝光补偿 −2EV

|7.2.7| 利用光线强调局部风景

　　灵活运用光线强化局部特征会使画面更加出彩。右侧这幅作品采用侧逆光的拍摄角度，将测光点对准扬起的尘土测光，同时降低曝光补偿至−1.67挡，压暗周边景物，重点突出画面中行进的羊群所踏起的尘土飞扬，表达出高原牧羊的热烈场面。

　　• 光圈 F13　　• 感光度 200
　　• 焦距200mm • 快门速度 1/640s
　　• 曝光补偿 −1.67EV

下面这幅作品采用侧光角度拍摄，充分利用天空云层遮挡住部分阳光，而导致的光影分布不均匀的瞬间，并将测光点对准阳光照射的草坪，确保该位置曝光准确，同时降低−0.67挡的曝光补偿，轻微压暗四周，这样就使画面的视觉中心集中于光照强烈的草坪和马匹身上，整个画面看起来主体突出、光感出彩，给人以身临其境的真切感。

光圈 F11 • 焦距 200mm • 感光度 100 • 快门速度 1/320s • 曝光补偿 −0.67EV

| 7.2.8 | 巧妙运用光斑美化画面

逆光摄影时，如果阳光直接射入镜头，刺眼的光线会使画面产生一连串耀眼的光斑，大多数情况下，摄影者都会尽量避免光斑出现在画面中，但是巧妙地利用眩光所产生的光斑，有时候也能起到修饰画面的作用，并给画面带来足够的神秘感。

左侧这幅作品拍摄于清晨时分，太阳刚刚爬上山头，俯瞰大地，画面中洋溢着淡淡的温暖色调。受逆光拍摄的影响，太阳在镜头上形成以对角线形式存在的连续光斑，为寂静的晨光草原增添了活力和生机趣味。

- 光圈 F11　　• 感光度 64
- 焦距120mm　• 快门速度 1/25s
- 曝光补偿 −1.33EV

| 7.2.9 | 别具一格的夜景

对于一座城市来说，夜景无疑是最让人陶醉、难以忘怀的时刻，但同时也是众多拍摄类别中较为难拍摄的一项。不理想的光线，长时间的曝光，都是难以把握的，但仍有许多优秀摄影者将夜景最精彩的一面拍摄下来。

以下面这幅作品为例，整体画面干净通透，色彩清新亮丽。在慢速快门的作用下，天空中的云层给人以时空穿梭般的流动感，极具画面张力；同时别处心裁的人物安排，明灯高举，与天空遥相呼应，仿佛正与时空对话，又仿佛给城市带来了新的希望与指引，画面感具有一定的科幻色彩。要得到这种美丽神奇的夜景画面效果，以下几点是摄影者在拍摄中必须要注意的。

▪ 光圈 F10 ▪ 焦距 24mm ▪ 感光度 100 ▪ 快门速度 30s

首先，拍摄夜景要尽量使用小光圈，在小光圈的作用下，夜景中的点光源灯光会出现意想不到的星芒效果。上面这幅作品设定光圈值为F10进行拍摄，从而使人物手中的光源绽放出迷人的光线效果。

其次，因为夜景的环境光线很暗，光圈很小必然导致快门速度很慢。在长时间的曝光过程中，感光器件因为长时间持续工作会产生很多噪点，因此应该尽量采用低ISO感光度对噪点进行抑制。在这幅夜景照片中，光源主要来自于城市天空和城市的灯光作用，选择曝光时间为30s，感光度ISO值为100，从而保证了画面的质量。

再者，在运用系统测光模式的情况下，拍摄出来的夜景照片一般都会过曝（或者过暗），为了保证照片能正确反映出当时夜景的氛围，可以采用曝光补偿的办法，在曝光时适当降低（或者提升）0.3~1EV的曝光补偿。当然，最好的办法是将相机设定为M档模式，手动设置曝光参数进行实时调整，然后等待最精彩的瞬间进行抓拍。

CHAPTER

8

人像用光

8.1 室内人像用光

|8.1.1| 恣意的青春

　　每年的六月份是学生的毕业季，许多毕业生选用影像留下青春的容颜。五四学生服是同舍好友拍写真的最常用的纪念照服装之一。当然，教室也是必拍之地。

　　在拍摄这张照片时，阳光不是很强，我们选择了一间窗户朝南的教室。让女生靠近窗户坐，让窗户光起到背景光的作用。前窗户的窗帘全部拉开，后窗户的窗帘拉开一半，这样后排的桌子就会压暗一些，有利于突出主体，也平衡了画面。在模特的右前方放置了一只热靴闪光灯，安装在灯架上，离机引闪，给女生们的暗部补光，为了使补光柔和，在闪光灯的灯头上使用粘扣带安装了小型柔光箱。

[▪ 光圈 F3.2 ▪ 焦距 50mm ▪ 感光度 100 ▪ 快门速度 1/60s]

|8.1.2| 清凉美女

下面这幅作品是逆光俯拍的。女孩双手枕头仰躺在床上，其左面是落地窗户，为了使光线更柔和些，拉上了窗户上的白纱。在俯拍的时候，女孩右边背光处会显得比较暗，为了减少光比，在女孩的右边放置了一只热靴闪光灯，安装在灯架上，离机引闪。为了使补光柔和，灯头不是朝向女孩的一侧，而是朝向窗户对面的白墙。

[光圈 F5.6 ■ 焦距 110mm ■ 感光度 320 ■ 快门速度 1/100s]

|8.1.3| 性感微露

女孩仰躺在床上，白色的棉被盖在女孩胯部的位置，白色的衬衣上提，露出肚脐附近的皮肤，女孩的右边是窗户，屋内是白色的墙壁（可以反射一定的光线），通过适当调整床离窗户的距离，使裸露的皮肤上的光比正合适为止。然后逆光俯拍，就可以得到性感的照片了。

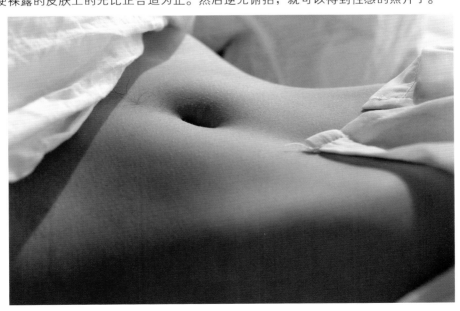

[光圈 F3.5 ■ 焦距 35mm ■ 感光度 500]

[快门速度 1/30s ■ 曝光补偿 −0.3EV]

|8.1.4|校园闺蜜

下面这幅作品是在教室里拍摄的。两个女生坐在靠近窗户的座位上，从侧逆光的角度拍摄，在两个女生的右前方放置了一只热靴闪光灯，安装在灯架上，离机引闪，给女生们的暗部补光，为了使补光柔和，在闪光灯的灯头上使用粘扣带安装了小型柔光箱。另外，课桌上的书本，在一定程度上也起到了反光板的作用，对女生们的脸部进行了一定的补光。

［·光圈 F3.2·焦距 70mm·感光度 100·快门速度 1/160s］

下面这幅作品是在同一间教室里拍摄的。比起上一张，两个女生离窗户的位置稍稍远了一点，从侧顺光的角度拍摄，闪光灯的位置没变。

［·光圈 F3.5·焦距 100mm·感光度 100·快门速度 1/80s］

8.1.5 红润剔透

　　下面这幅作品是采用侧光拍摄的。在灰褐色的地板上铺了一床玫红色的夏凉被，并让其皱褶多一些。阳光从女孩的右侧照射进来，利用窗棂的遮挡，让女孩的脸部的一部分处于阳光照射之中，另一部分处于暗部。室内的墙是白色的，女孩离窗户远一些，离窗户对面的白墙近一些，因此白墙的反光对女孩的暗部起到了一定的补光作用。

〔▪光圈 F4 ▪焦距 35mm ▪感光度 200 ▪快门速度 1/125s〕

|8.1.6| 夏日暖阳

　　下面这幅作品是采用逆光拍摄的。在灰褐色的地板上铺了一床玫红色的夏凉被，让其皱一些，阳光从女孩的右侧照射进来，利用窗棂的遮挡，让女孩一部分处于阳光照射之中，另一部分处于暗部，形成一定的明暗反差。室内的墙是白色的，女孩离窗户远一些，离窗户对面的白墙近一些，因此白墙的反光对女孩的暗部起到了一定的补光作用。

[▪光圈 F2.8 ▪焦距 35mm ▪感光度 250 ▪快门速度 1/100s]

┃8.1.7┃ 图书馆里的爱情故事

　　下面的作品是在学校的图书馆里拍摄的。窗户南向，位于女生的左面，在通过书架上的空隙拍摄这对小情侣的时候，发现他们的正面比较暗，为了降低明暗对比，在他们的前方放置一只热靴闪光灯，安装在灯架上，离机引闪，灯头上使用粘扣带安装了小型柔光箱，并调整闪光灯的闪光强度使之较弱，使之达到既没有明显补光的痕迹，又能起到补光的作用。

［ ▪ 光圈 F3.5 ▪ 焦距 35mm ▪ 感光度 320 ▪ 快门速度 1/40s ］

［ ▪ 光圈 F3.5 ▪ 焦距 35mm ▪ 感光度 320 ▪ 快门速度 1/40s ］

|8.1.8| 娇艳的黑色玫瑰

下面的作品是在影棚中拍摄的，在模特的上方放置了一只影室闪光灯（灯头加柔光箱）作为主光，在模特的右前方加了一只影室闪光灯（灯头加柔光箱）作为辅光，在模特的左前方加了一只影室闪光灯（灯头加柔光箱）作眼神光和辅助光。为了展现模特的身材曲线和细腻的皮肤，降低了这三只灯之间的光比，使之相差较少。

- 光圈 F8　- 感光度 100
- 焦距 50mm　- 快门速度 1/100s

- 光圈 F8 - 焦距 48mm - 感光度 100 - 快门速度 1/100s

|8.1.9| 惹红尘

右侧这幅作品是在影棚中拍摄的，在模特的右上方放置了一只影室闪光灯（灯头加柔光箱）作为主光，在模特的身后加了一只影室闪光灯（灯头加柔光箱）作为辅光，在模特的左下方加了一只影室闪光灯（灯头加柔光箱）作眼神光，其中主光最强，辅光和眼神光要弱一些。

▪ 光圈 F14 ▪ 焦距 35mm ▪ 感光度 100 ▪ 快门速度 1/160s

|8.1.10| 悠悠畅想曲

下面这幅作品是采用逆光拍摄的。画面中的女孩坐在床上，左手拿着化妆盒，右手在涂着口红。女孩的右面是南向的大落地窗，光线是从女孩的右前方照射进来的，女孩的左面背光有些

暗，为了减少明暗反差，在女孩的左侧放置了一只热靴闪光灯，安装在灯架上，离机引闪，灯头朝向左侧的白色墙壁，通过白色墙壁反光，这样"跳闪"补光比较柔和。

- 光圈 F4　　• 感光度 100
- 焦距 35mm　• 快门速度 1/100s
- 曝光补偿 −1.3EV

下面这幅作品是在同一间屋子里拍摄的。女孩的位置、光线的方向和拍摄方向都发生了变化，女孩侧躺在床上，与床头平行，采用侧顺光俯拍。为了增加光线的明暗层次，通过窗帘对阳光进行了适当的遮挡。

- 光圈 F3.5 • 焦距 35mm • 感光度 100 • 快门速度 1/60s • 曝光补偿 −0.3EV

|8.1.11| 追忆似水年华

在下面的这幅作品中，模特站在欧式的背景墙前，与背景中的石膏像形成了对比关系。在模特的右侧放置了一只热靴闪光灯作为主光，闪光强度大一些；在模特的正前方也放置了一只热靴闪光灯打眼神光，闪光强度弱一些。它们都安装在灯架上，离机引闪，灯头上使用粘扣带安装了小型柔光箱。

［ ▪ 光圈 F4 ▪ 焦距 85mm ▪ 感光度 320 ▪ 快门速度 1/60s ］

|8.1.12| 新媳妇的美好时代

　　下面这幅作品是在农村的上百年的老房子里拍摄的，采用侧顺光俯拍。屋里的光线来自于穿过窗棂的阳光，在窗户纸的作用下，进入屋内的光线比较柔和，使画面形成了极好的明暗反差。

▪ 光圈 F2.8 ▪ 焦距 24mm ▪ 感光度 250 ▪ 快门速度 1/200s

　　下面这幅作品是在同一间老房子里拍摄的，光线方向也基本一致，只是拍摄角度有所变化，采用高角度俯视拍摄。另外，模特脸部的方向也发生了变化，不再是正脸而是侧脸面向镜头。在窗户纸的作用下，光线柔和地照射到模特的右脸和身体，形成了极好的明暗反差。

▪ 光圈 F2.8 ▪ 焦距 24mm ▪ 感光度 250 ▪ 快门速度 1/200s

|8.1.13| 思念

下面这幅作品是在农村老房子的街门里面逆光拍摄的，当天是阴天。街门里面是个长约5米的过道，模特站在左街门后面，将右街门半开，柔和的光线就会从右街门照射进来，模特右侧脸前部就会被光线打亮。拍摄时注意观察模特眼睛里面的反光，当眼睛里面有眼神光时按下快门拍摄，效果最好。

[▪ 光圈 F3.2 ▪ 焦距 85mm ▪ 感光度 100 ▪ 快门速度 1/125s ▪ 曝光补偿 −1EV]

　　下面这幅作品是在农村老房子的西厢房里面侧光拍摄的，当天是阴天。模特坐在靠近门口的凳子上，打开房门，柔和的光线从房门外照射进来，模特的正面被光线打亮。拍摄时，一是通过观察模特身上的光线情况来控制房门打开的程度；二是要注意观察模特眼睛里面的反光，当眼睛里面有眼神光时按下快门拍摄，效果最好。

┌ ▪ 光圈 F3.2 ▪ 焦距 35mm ▪ 感光度 500 ▪ 快门速度 1/40s

|8.1.14| 牵手

下面这幅作品是在室内靠近窗户的位置拍摄的，当天是阴天。女模特半坐在窗台上，男模特左手搂着女模特的腰，右手和女模特的右手相握，他们的身后是一面大镜子。柔和的光线从窗户散射进来，男女模特白色的上衣、白色的窗棂、白色的墙壁都起到了一定的反光和柔光的作用。

［ ▪ 光圈 F2.8 ▪ 焦距 150mm ▪ 感光度 640 ▪ 快门速度 1/250s ▪ 曝光补偿 +1EV ］

8.1.15 瞭望

下面这幅作品中，模特坐在车里，在模特的左上方放置一只热靴闪光灯作为主光，闪光强度大一些；在前挡风玻璃的前面也放置了一只热靴闪光灯，闪光强度弱一些。它们都安装在灯架上，离机引闪，灯头上使用粘扣带安装了小型柔光箱。模特头上的大宽檐帽起到了控制光线的作用，在模特的脸部形成了很好的明暗反差。

光圈 F5 · 焦距 105mm · 感光度 500 · 快门速度 1/125s

|8.1.16| 女孩天生爱逛店

正如歌词"女孩天生爱做梦"所唱的一样，有事无事、有空无空逛逛商店也许是女孩天生的嗜好。本组照片是在大学城旁的一家小店里拍摄的，小店里有帽子、围巾、手套、玩具、头饰、挂件等小物品，摆放得很整齐、美观。

▪ 光圈 F3.2 ▪ 焦距 35mm ▪ 感光度 320 ▪ 快门速度 1/40s ▪ 曝光补偿 −0.7EV

　　为了不耽误小店的正常营业，本组照片全部采用室内原有的灯光进行拍摄，没有使用闪光灯，也没有使用反光板。在拍摄时要注意不断地观察模特脸部的光线情况，如果有难看的影子，过曝或者过暗，则需要调整模特的位置，或者是拍摄者的位置。

▪ 光圈 F2.8 ▪ 焦距 35mm ▪ 感光度 250 ▪ 快门速度 1/50s ▪ 曝光补偿 −0.7EV

在下面的这张照片中，女孩手托下巴，货架上的芭比娃娃深深地吸引住了她。虽然女孩脸部的光线主要是顶光，但由于位置选择恰当，周围的其他灯光也有一定的反光作用，因此女孩脸部的光比并不大，效果也还不错，并没有形成难看的阴影。

▪ 光圈 F2.8 ▪ 焦距 35mm ▪ 感光度 320 ▪ 快门速度 1/80s

　　还是在同一位置，只是让女孩头部上仰幅度更大一些，脸部更侧一些，拍摄视角也稍微高了些。虽然此时女孩脸部的光线仍然是顶光，但由于做了上述调整，女孩眼睛下方的阴影就很轻了。整个脸部的明暗反差较小，光线运用恰当。

▪ 光圈 F2.8 ▪ 焦距 35mm ▪ 感光度 320 ▪ 快门速度 1/50s

在小店里拍摄时，各种货架旁边是主要的拍摄位置。为了避免画面单调，又选择了小店里的试衣镜作为拍摄工具。让模特站在镜子旁边，镜头对准镜子里的女孩。为了控制好光线（主要是模特脸部的光线），需要不断地变换拍摄位置和模特头部的位置，当感到光影效果不错时迅速按下快门。

▪ 光圈 F2.8 ▪ 焦距 35mm ▪ 感光度 320 ▪ 快门速度 1/80s ▪ 曝光补偿 −0.7EV

|8.1.17| 室内用光经验之谈

在拍摄室内人像时，要想拍出光影效果极佳的照片，需要掌握以下的室内用光技巧。

选择拍摄位置

在室内拍摄时，首选的拍摄位置是靠近窗户的地方。重点注意观察模特脸部的光线情况，如果模特脸部的光比太大，可以在窗户上挂上白纱以减弱窗户光，也可以使用反光板或者闪光灯对暗部进行补光，或者让模特离窗户更远一些。

其次是靠近门口的位置。如果模特脸部的光比太大，解决的办法同上。

选择光线的方向

尽可能使用侧逆光、侧顺光、侧光，其次是逆光，尽量少用顺光。无论是采用侧逆光、侧顺光、侧光还是逆光，当模特脸部的光比比较大时，就需要使用反光板或者闪光灯对暗部进行补光；使用顺光时，尽量不要使用无遮挡的顺光，而是通过借助窗棂、窗帘等物对顺光进行适当的遮挡，这样投射到模特脸部的光线就会有一定的明暗反差，形成好的光影效果。

8.2 室外人像用光

|8.2.1| 幸福像花儿一样

下面这幅作品是在室外的草地上采用逆光拍摄的，拍摄时间是夏季的日落之前，这个时间段的光线比较柔和，是拍摄逆光最美的时间段。柔和的逆光既把女孩们的发丝和身体的边缘打亮，让人物变得更立体，同时光比也不是很大，人物正面的亮度也比较适中。

■ 光圈 F3.5 ■ 焦距 135mm ■ 感光度 320 ■ 快门速度 1/800s

|8.2.2| 大学里的青春时光

下面这幅作品是在大学里的操场边上拍摄的，拍摄时间是夏季的上午九点半，采用顺光拍摄。4个女生蹲在操场边上的水泥路肩上，在选择这个地点的时候，主要是考虑到这个位置光线比较好，阳光透过树叶间的缝隙洒落到4个女生的身上，光线不是太强，还有明暗层次。而此处的左面或者右面光线都不太理想，树叶太密，几乎都被浓密的树叶遮挡。

▪ 光圈 F3.2 ▪ 焦距 50mm ▪ 感光度 100 ▪ 快门速度 1/400s ▪ 曝光补偿 +0.3EV

|8.2.3 | 回眸一笑百媚生

下面这幅作品是在公园里的虞美人花丛中拍摄的，拍摄时间是夏季的上午九点左右，采用侧逆光拍摄。由于是侧逆光拍摄，所以女孩的背光面比较暗，为此，在女孩的右侧后方放置了一只热靴闪光灯，安装在灯架上，离机引闪，给女孩的暗部补光，为了使补光柔和，在闪光灯的灯头上使用粘扣带安装了小型柔光箱。

⸢ ▪ 光圈 F4 ▪ 焦距 185mm ▪ 感光度 320 ▪ 快门速度 1/800s ⸥

|8.2.4| 憧憬远方

　　下面这幅作品是在夏季的海边拍摄的，拍摄时间为傍晚时分，采用顺光低机位拍摄。虽然是顺光拍摄，但是这个时间段的光线比较柔和，光比比较适中。低机位仰拍有利于表现女孩对美好生活的向往和对未来的憧憬之情。

[▪ 光圈 F3.2 ▪ 焦距 135mm ▪ 感光度 100 ▪ 快门速度 1/2000s ▪ 曝光补偿 +0.3EV]

|8.2.5| 沉醉在阳光海岸中

　　下面这幅作品是在夏季的海滩上拍摄的，拍摄时间为傍晚时分，女孩的面部朝向太阳，采用侧光拍摄。这个时间段的光线比较柔和，明暗适中。被打湿的薄衫让画面风格既时尚又充满诱惑力。

▪ 光圈 F2 ▪ 焦距 135mm ▪ 感光度 250 ▪ 快门速度 1/8000s

8.2.6 采秋笑靥开

下面这幅作品是在深秋的乡间小路拍摄的，拍摄时间为下午三点，光线为阴天自然的散射光。在这种天气里要避免光线的平淡，就需要仔细挑选场景。这个场景是乡村的小路，有一段是长的石条台阶，台阶的下半部分被遮挡，显得稍暗一些，台阶的上半部分显得较亮一些。女孩处在明暗交界的台阶处，身体和整个画面形成了较好的明暗反差。

▪ 光圈 F2.8 ▪ 焦距 200mm ▪ 感光度 100 ▪ 快门速度 1/200s ▪ 曝光补偿 −1.7EV

|8.2.7| **往事如烟**

下面这幅作品是在农村老房子的院子里拍摄的，拍摄时间是在冬季的下午三点半，当天的天气是阴天，但是还能看出光线的方向，采用侧光拍摄。女孩站在院子里，在屋里隔着玻璃拍摄，拍摄时注意观察女孩的眼睛，当眼睛里有眼神光时及时按下快门。

▪ 光圈 F3.2 ▪ 焦距 35mm ▪ 感光度 100 ▪ 快门速度 1/80s ▪ 曝光补偿 –1.7EV

|8.2.8| 蓝色港湾之夜

下面这幅作品是在夏季的夜晚拍摄的，拍摄时间为晚上八点，拍摄地点是北京蓝色港湾里的一家餐馆门前。模特从餐馆里推门而出，屋内光线很亮，屋外光线很暗，为了减少明暗反差，在模特的前方放置了一只热靴闪光灯，安装在灯架上，离机引闪，给模特的暗部补光，为了使补光柔和，在闪光灯的灯头上使用粘扣带安装了小型柔光箱。

[▪ 光圈 F1.8 ▪ 焦距 85mm ▪ 感光度 1000 ▪ 快门速度 1/50s]

| 8.2.9 | 窗前

　　下面这幅作品是在农村老房子的院子里拍摄的，拍摄时间是在深秋的上午十点半，当天的天气是晴天，但有一定的雾霾，逆光拍摄。女孩站在窗外，在屋里隔着玻璃拍摄，光线从屋外洒落进来，形成了极好的光线效果。

[▪ 光圈 F3.2 ▪ 焦距 24mm ▪ 感光度 200 ▪ 快门速度 1/160s ▪ 曝光补偿 −2EV]

CHAPTER

9

纪实用光

9.1 室外拍摄纪实的用光角度

9.1.1 顺光角度——激情的马踏水花

左侧这幅作品采用顺光的拍摄角度，并以较高的快门速度定格了马踏水花的精彩瞬间。由于拍摄时间将近傍晚，阳光的照射强度适中，使整幅画面看起来暖意融融，特别是人物的面部、服装以及马匹鲜亮而富有光泽。

> ▪ 光圈 F4 ▪ 焦距 200mm ▪ 感光度 100 ▪ 快门速度 1/1000s ▪ 曝光补偿 −0.67EV

9.1.2 漫射光——惬意的撒网江面

右侧这幅作品拍摄于阴天时的雾漫江面，在漫射光的作用下，画面整体色彩清淡平和，给人一种世外仙境的缥缈感。红衣服的撒网人动作娴熟地的扬撒渔网，使画面充满生机与情趣，活跃了画面的平淡之气。

> ▪ 光圈 F5 ▪ 焦距 70mm ▪ 感光度 200 ▪ 快门速度 1/100s ▪ 曝光补偿 −1.67EV

9.1.3 | 侧光角度——尘土飞扬的转场大军

下面这幅作品采用广角镜头近距离拍摄，重点表现转场中的羊群拥挤，给人以强烈而真实的现场感，看起来羊群仿佛就要挤出画面似的。而侧光的运用，使画面光影起伏、变化丰富，扬起的尘土更是强化了画面的意境表达。

光圈 F9 ▪ 焦距 24mm ▪ 感光度 200 ▪ 快门速度 1/320s ▪ 曝光补偿 −2EV

9.1.4 | 前侧光角度——浩浩荡荡的转场队伍

左侧这幅作品采用前侧光的拍摄角度，通过地面的影子来强化画面的立体感和空间感，画面中阳光照射下的驼毛闪着金色的光芒，非常生动。同时运用对角线的构图方法，从右至左延伸画面，使画面富于动感。

▪ 光圈 F9 ▪ 焦距 29mm ▪ 感光度 200 ▪ 快门速度 1/320s ▪ 曝光补偿 −2EV

9.1.5 侧逆光角度——热烈的秋日牧羊

同前侧光一样，侧逆光也侧重于表现被拍摄体的光影效果。如右侧这幅作品，采用广角度的拍摄取景，展现了牧羊田野间的热烈场面。而侧逆光的拍摄角度使羊群看起来光感强烈、充满活力，画面中深色的骑马牧羊人，有效地加深了画面中阴影的比例，平衡了画面关系，整幅作品明暗起伏，给人一种欣欣向荣、热烈奔放的繁荣气息。

[▪光圈 F10 ▪焦距 40mm ▪感光度 200 ▪快门速度 1/400s ▪曝光补偿 –2EV]

下面这幅作品则是利用长焦距镜头框选局部来进行画面构思，侧逆光的阳光照射下，羊群身上可以看见漂亮的金色轮廓光，扬起的灰尘丰富了画面表达、有效地渲染了画面气氛，而不远处牧羊人夸张地动作表现给人以无限的想象空间，进一步地带活了画面。

[▪光圈 F9 ▪焦距 180mm ▪感光度 200 ▪快门速度 1/320s ▪曝光补偿 –1EV]

9.1.6 逆光角度——日出日落的温暖

无论是日出还是日落时分，逆光角度的拍摄总能表现出温暖的浪漫情怀与恋恋不舍。右侧这幅作品拍摄于落日时的海岛，整齐排列的亭子下，形形色色的人物动作各异，或观日、或低头、或交谈、或拍摄，构成了一幅精妙地休闲日落画卷。

- 光圈 F6.3 ■ 感光度 200
- 焦距21mm ■ 快门速度 1/320s
- 曝光补偿 −0.33EV

下面这幅作品采用逆光的拍摄角度，表现清晨日出时的海上捕捞。温暖的色彩表达，充满了温馨与希望。作品巧妙地将初升的太阳置于捕捞者的渔网中，给人一种仿佛正在捕捞太阳的错觉，而人物的身形姿态以及朝向，活灵活现地强化了这种错觉的真实感。

■ 光圈 F20 ■ 焦距 55mm ■ 感光度 800 ■ 快门速度 1/1100s ■ 曝光补偿 −0.33EV

9.1.7 | 散射光——老榕树下的光影故事

左侧这幅作品光感出彩，画面透着幽深寂静的神秘色彩。从画面元素构成来看，大面积的使用暗调表现曲折的老树虬枝，与老农、牛行进的身影以及一束束透过树枝散射的光线，共同组合出明暗对比强烈的光影效果，画面富有灵气和幽静深远的意境。方构图的合理运用，使画面平稳而有力，树枝与人物的大小对比、光线的斜角度照射、人物与牛的黄金分割点放置，都使画面趋于完美。

> ▪ 光圈 F8　▪ 感光度 320
> ▪ 焦距 42mm　▪ 快门速度 1/250s

9.2 室内拍摄纪实的用光方法

9.2.1 | 散射光——洒落的温暖

> ▪ 光圈 F3.2 ▪ 焦距 27mm ▪ 感光度 200 ▪ 快门速度 1/40s ▪ 曝光补偿 −1.67EV

左侧这幅作品利用陶瓷坊上方窗户透进来的散射光，描绘了陶瓷工午饭时阳光下取暖的一幕。色彩斑驳、排列整齐的制陶容器冰冷而森严，阳光星星点点的洒落在地面，虽然只是很小的一点面积，却足以温暖劳累的工人。

9.2.2 窗户光——祖孙的天伦之乐

右侧这幅作品利用左侧的窗户光取景，生动地写照了祖孙间的开心一刻，孩子的笑容以及爷爷亲昵的贴近使画面充满了幸福的温暖感。陈旧的门窗、家什将观者的思绪带回了往日的岁月蹉跎，笑容背后的故事引人思索。

▪ 光圈 F3.2 ▪ 焦距 70mm ▪ 感光度 320 ▪ 快门速度 1/250s ▪ 曝光补偿 –2.33EV

9.2.3 借助发光物体——铸造厂里的烈火青春

下面这幅作品拍摄于铸造车间，取景时利用融化的金色铁水为照明光源，迸射的火花以及映红的面部都在讲述着这份工作的艰辛与不易，画面热烈而引人思索。

▪ 光圈 F4 ▪ 焦距 165mm ▪ 感光度 500 ▪ 快门速度 1/200s ▪ 曝光补偿 –1.67EV

曝光篇

CHAPTER
10

曝光原理与黄金法则

10.1 何为正确曝光

通俗地讲，看上去赏心悦目的亮度就是通常所说的正确曝光。正确曝光是指采用合适的进光量进行拍摄，以获得视觉效果良好的亮度。正确曝光的标准比较模糊，哪种亮度最好，实际上与摄影者的拍摄意图有着非常密切的联系。但是在摄影者并未有意识地使画面较明亮（或较暗）的情况下，则正确曝光通常会自然而然地落在一定亮度范围内。亮度大幅超出该范围时被称为"曝光过度"（过曝、过亮），相反的情况被称为"曝光不足"（欠曝、过暗）。

曝光正确

曝光过度

曝光不足

即使处于正确曝光范围内，有时候部分图像也会因非常明亮而完全失去层次，这种现象被称为"高光溢出"；如果部分图像变为全黑则被称为"暗部缺失"。所以在拍摄时应始终保持采用合适的曝光。

[▪光圈 F2.8 ▪焦距 24mm ▪感光度 100 ▪快门速度 1/640s

　▪白色的羊群由于阳光照射后的反光造成"高光溢出"现象，为了减弱这种现象，应减少曝光量▪

[▪光圈 F2.8 ▪焦距 24mm ▪感光度 100 ▪快门速度 1/640s

　▪因为逆光角度拍摄而导致的明暗反差较强，画面中的阴影部分完全变黑，因此需要增加曝光量▪

10.2 曝光三要素

　　曝光是由光圈、快门速度和感光度三方面决定的。光圈英文名称为Aperture，是一个用来控制透过镜头进入机身内感光元件的光量的装置，它通常是在镜头内。光圈是由数片极薄的金属片组成的一种中间能通过光线的机械结构，其通过自身的打开和关闭动作来控制镜头的进光量完成曝光。

　　光圈大小的表示，通常用F值代替。光圈F值=镜头的焦距÷镜头通光孔的直径，从公式可以看出，要达到相同的光圈F值，长焦距镜头的口径要比短焦距镜头的口径大。完整的光圈值系列如下：F1、F1.4、F2、F2.8、F4、F5.6、F8、F11、F16、F22、F32、F44和F64。光圈F值越小，在同一单位时间内的进光量就越多，而且上一级的进光量正好是下一级的一倍。例如，光圈从F11调整到F8，进光量便多一倍。所以，在实际的拍摄过程中，当快门速度不变时，合适的光圈大小能带来正确的曝光。若快门速度已调整正确，则光圈开得过大，会导致照片曝光过度，否则会导致曝光不足。

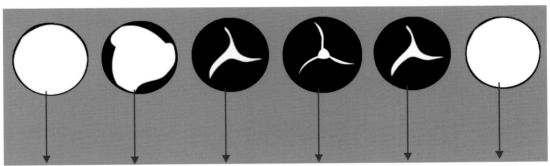

取景时光圈开启至最大以使取景器明亮清晰

触发快门时光圈开始缩小以达到用户设定的光圈值

光圈继续缩小

光圈大小达到用户设定值，快门开始操作，感光元件开始曝光

曝光结束后光圈放大开启

光圈开启到最大，取景器恢复工作

▪ 光圈 F10 ▪ 焦距 100mm ▪ 感光度 50 ▪ 快门速度 1/200s

▪ 快门速度相同的情况下，光圈开得越小，镜头的进光量越少，照片越暗。如果光圈过小，就容易曝光不足 ▪

▪ 光圈 F6.3 ▪ 焦距 100mm ▪ 感光度 50 ▪ 快门速度 1/200s

▪ 快门速度相同的情况下，光圈开得越大，镜头的进光量越多，照片越明亮。如果光圈过大，就容易曝光过度 ▪

快门是相机上用于控制感光元件或胶片曝光的机械装置。快门是使用金属、织物或其他合成材料制成，由机械或电子机构控制快门的开启时间，用机械能或电能进行驱动的装置。

快门速度是数码相机快门的重要参数，不同型号的数码相机的快门速度范围是完全不一样的。因此，摄影者在使用某个型号的数码相机来拍摄景物时，一定要先了解其快门的速度范围，充分考虑快门的启动时间，掌握好快门的释放时机，这样才能捕捉到生动的画面。快门的速度一般用数字表示，数字越大，曝光时间越长。数码单反相机常见的快门速度范围一般在30~1/8000s，由慢到快依次是30s、15s、8s、4s、2s、1s、1/2s、1/4s、1/8s、1/15s、1/30s、1/60s、1/120s、1/250s、1/500s、1/1000s、1/2000s、1/4000s和1/8000s。

数码单反相机的快门的主要功能是控制相机的曝光时间。快门开启的时间越长，相机的进光量就越多，反之则越少。利用高速快门凝固运动物体的瞬间状态或使用慢速快门表现拍摄物体的运动轨迹都是最常用的快门应用。

- 光圈 F10　　■ 感光度 320
- 焦距 200mm　■ 快门速度 1/500s
- 曝光补偿 −0.33EV

▪ 采用高速快门捕捉策马扬鞭的奔腾瞬间 ▪

■ 光圈 F11 ■ 焦距 35mm ■ 感光度 200 ■ 快门速度 10s

▪ 使用慢速快门长时间曝光表现城市夜晚的流光溢彩 ▪

感光度是控制感光元件对光线的感光敏锐度的量化参数。感光度用"ISO数字"表示，常见的感光度数值有50、64、100、200、400、800、1600等，数值以倍数递进。实际上，两挡感光度之间还可以有半挡或1/3挡感光度的设定，如ISO50、ISO125等。而数码单反相机默认的感光度一般为ISO100，这也是摄影者经常采用的感光设置，从画质表现来看，感光度设定值越低，得到的画质越细腻；反之，画面噪点增加，画质较差。

■ 使用低感光度还原细腻的高清人像 ■

■ 光圈 F2.8 ■ 焦距 100mm ■ 感光度 100 ■ 快门速度 1/800s ■

感光度根据其数值的高低，可以分为几挡。ISO200以下称为低感光度，ISO200至ISO800称为中感光度，ISO800以上称为高感光度。感光度设置的最大作用是控制数码单反相机拍摄时的快门速度。当在光圈相同、拍摄场景相同的情况下，ISO感光度设置的越低，正确曝光所需要的快门速度越慢。尤其是当摄影者在光线条件不足并且手持拍摄的情况下，感光度设置得越低，快门速度就会越慢，画面就越容易模糊不清。所以，在没有三脚架的情况下，摄影者可以尝试着调高感光度的数值，这样快门速度也会随之变快，这能够在一定程度上保证画面的清晰度。

■ 光圈 F4 ■ 焦距 21mm ■ 感光度 1250 ■ 快门速度 1/60s ■ 曝光补偿 -0.67EV

■ 弱光环境下，使用高感光度提高快门速度拍摄，以保证画面清晰 ■

10.3 常用的曝光组合

　　所谓曝光组合，简单的说就是指光圈和快门速度设定值的组合。曝光组合的正确与否，影响着照片的清晰程度，而光圈和快门是调整和控制曝光量的主要装置。当在同一光照条件下对同一主体拍摄时，光圈与快门速度的组合有多种。如下表所列的光圈和快门速度的每一组组合，光通量均相等，摄影者可以根据自己的需要选择其中任何一组曝光组合。

光圈	快门速度（s）
F4	1/1000
F5.6	1/500
F8	1/250
F11	1/125
F16	1/60
F22	1/30

　　摄影者在选用曝光组合时，要考虑以下几个方面：

　　① 被摄物的态势是运动的还是静止的，如果是运动的，那么就需要较快的快门速度来定格运动的瞬间；② 被摄物所处环境的光线明暗程度如何，如果光线过于暗淡，那么应该利用较大光圈来进一步增加进光量；③ 画面的主体是否要通过景深的控制进行取舍，采用大光圈有利于背景的虚化，从而突出主体。这些都需要摄影者仔细考虑，然后选择适合自己摄影目的的曝光组合。

　▪采用大光圈虚化前景、背景，突出主体人物▪　　［▪光圈 F4 ▪焦距 200mm ▪感光度 320 ▪快门速度 1/800s］

10.4 曝光补偿的应用

　　曝光补偿也是一种曝光控制方式，一般常见值在 ±2~3EV。目前的数码单反相机一般是以1/3EV

为间隔的，于是就有−2.0、−1.7、−1.3、 −1.0、−0.7、−0.3、+0.3、+0.7、+1.0、+1.3、+1.7和+2.0共12个级别的补偿值。摄影者可以根据自己的摄影经验和拍摄场景的实际情况，进行正负两挡的

曝光调节。对于数码单反来说，光圈和快门是决定曝光量大小的主要元素。适当的提高或降低快门速度，扩大或收缩光圈都可达到曝光补偿的目的。

当拍摄运动速度很快的物体，而选择快门优先模式时，可以先把快门速度固定下来，然后由光圈作相应的曝光补偿；当需要进一步表现景深，而选择光圈优先模式时，可以先把光圈值固定下来，然后由快门速度去作相应的曝光补偿。

[▪光圈 F7.1 ▪焦距 35mm ▪感光度 200 ▪快门速度 1/200s]

▪未使用曝光补偿情况下，拍摄出的雪景暗淡，雪的颜色看起来不那么白▪

[▪光圈 F7.1 ▪焦距 35mm ▪感光度 200 ▪快门速度 1/200s ▪曝光补偿 +0.7EV]

▪增加曝光补偿后，画面明亮，白雪的颜色看起来更加真实▪

CHAPTER

11

常见的曝光应用

11.1 运用小光圈拍摄的场景

11.1.1 表现带有星芒的落日剪影

在所要表现的画面中，如果存在比较明亮的太阳，摄影者要注意曝光的控制。左侧这幅作品拍摄于落日时分，天空中呈现出暖橙色，为了保证太阳的正常还原，利用小光圈F16对太阳周边明亮的地方进行点测光拍摄，不仅使太阳光线以星状的效果呈现出来，而且使画面具有一定的明暗层次，人物与摩托大小对比呼应，同时遥望远方的姿态给画面增添了神秘色彩。

[▪ 光圈 F16 ▪ 焦距 35mm ▪ 感光度 100 ▪ 快门速度 1/60s]

11.1.2 表现星芒闪烁的夜色阑珊

拍摄夜景的曝光控制与拍摄太阳的情况基本相同。以右侧这幅作品为例，利用弯曲的S形公路构思取景，画面呈现出一定的张力和纵伸感；采用光圈F11（F8~F16都可以），感光度64（为了保证夜景画面的细腻，感光度数值不宜过高），曝光时间延长至6s，同时利用点测光对道路右侧路灯下的亮光处测光，不仅实现了近处灯光的星芒效果，而且保证了夜空、高楼、树木以及马路的亮度和色感，更加巧妙地是贯穿整个画面的红色汽车尾灯像一段长长的红色丝带，活跃了拍摄主题，增添了画面趣味性与创意性。

[▪ 光圈 F11 ▪ 焦距 35mm ▪ 感光度 64 ▪ 快门速度 6s ▪ 曝光补偿 +0.7EV]

11.1.3 | 表现絮状流水

要将流水拍摄出丝滑柔顺的絮状效果，通常需要将光圈值设置为较小值（F16、F22等等），以确保快门速度控制在1/8s以上。如果在阳光较强烈的环境下拍摄，即使光圈值设置为最小值，但仍然无法保证快门速度控制在1/8s以上，那么就需要安装中灰密度滤镜，减少通光量，保证需要的快门速度。下面这幅作品采用F14的小光圈，保证了快门速度在1/2s，表现出远景瀑布的絮状流动感。

[▪ 光圈 F14 ▪ 焦距 13mm ▪ 感光度 100 ▪ 快门速度 1/2s ▪ 曝光补偿 +0.7EV]

11.1.4 | 获得清晰的景深范围

拍摄过程中为了获得清晰的画面景深范围，就需要设置小光圈进行拍摄。右侧这幅作品采用高视角俯拍，再现了城市夜间市场的繁荣，给人以姹紫嫣红、竞相开放的视觉美感。拍摄时采用小光圈值F8，以保证画面前后景深范围的清晰；同时采用区域测光，并对测的数值进行+2挡的曝光补偿，保证暗部信息的充分还原；最后，选择较小的感光值，ISO50或者ISO100都可以，ISO过高不仅会造成曝光过度，也会使画面颗粒增加，画质下降。

[▪ 光圈 F8 ▪ 焦距 105mm ▪ 感光度 50 ▪ 快门速度 1.6s ▪ 曝光补偿+2EV]

11.2 运用大光圈拍摄的场景

11.2.1 虚化背景突出主体

要完美地实现背景虚化，当然离不开大光圈、长焦距镜头的使用。右侧这幅拍摄于夏日的海滩，背景的沙滩、植被、蓝天白云在F3.5大光圈和135mm中长焦镜头的共同作用下，柔和自然、虚化明显，淡淡的清新色彩有效地衬托出海滩模特色彩的亮丽和性感可人。

[• 光圈 F3.5 • 焦距 135mm • 感光度 100 • 快门速度 1/800s]

11.2.2 获得扑朔迷离的灯光效果

利用焦外成像的美妙效果来诠释夜景灯光的扑朔迷离是再好不过的了。焦外成像的效果取决于镜头的光圈、焦距以及其机械设计。镜头内部的光圈叶片数量越多、光圈越接近圆形，焦外成像的效果越迷离。当摄影者利用长焦镜头配合大光圈拍摄时，照片的景深小，景深之外的大部分面积被虚化。此时，不需要清晰地对画面某些物体对焦，使画面元素都处于景深范围以外。一些明亮的光源会在焦外呈现出接近圆形的光斑，巧妙利用这些光斑，会得到迷离、梦幻般的画面效果。

[• 光圈 F11 • 焦距 35mm • 感光度 200 • 快门速度 10s]

11.2.3 | 记录夜色浓浓

拍摄夜景最常使用的是F8~F11的小光圈，在小光圈的作用下可以表现闪烁的星芒、车辆川流不息的轨迹，但有时为了避免长时间曝光带来的杂光干扰画面，减少曝光时间也会用到大光圈来拍摄夜景。由于夜景以暗衬亮的特点，使其本来的景深范围较浅，因此使用大光圈拍摄带来的景深变小在这里表现的并不突出。下面这幅作品就是采用F1.4的大光圈，将曝光时间缩短为0.8s拍摄，以此表现美丽雪乡的童话夜色。

[▪ 光圈 F1.4 ▪ 焦距 35mm ▪ 感光度 200 ▪ 快门速度 0.8s]

11.2.4 | 弱光环境提高快门速度

室内弱光环境下，为了获得准确的曝光值，往往需要开大光圈以增加进光量；同时为了保证拍摄到的画面清晰，还需要提高快门速度。而想要提高快门速度，要么使用大光圈，要么提高感光度数值，有时在非常暗的光线条件下，还需要两者同时使用。右侧这幅作品，拍摄于室内弱光环境下，为了保证正在化妆的主体人物清晰，设置光圈值为F2，感光度数值为400，可以看到拍摄到的画面清晰自然，现场感强烈。

[▪ 光圈 F2 ▪ 焦距 35mm ▪ 感光度 400 ▪ 快门速度 1/50s]

11.3 快门速度对画面的影响

11.3.1 凝固洒落的水花

要得到具有一定动态感的水珠洒落、雨丝或雪丝画面，需要准确地控制快门速度。通常快门速度越慢，获得的雨丝越长，反之则雨丝越短。因此要想获得好的雨丝效果，尽量控制快门速度在1/30s以内。另外在相同大小的雨滴和快门速度下，由于镜头焦距的不同也会产生不同长度的雨丝，镜头焦距越长，获得的雨丝越长。下面这幅作品拍摄于室内，为了凝固人物头发甩动的瞬间，采用了较快的1/125s的快门速度，但仍然可以捕捉到水花四溅的拉丝轨迹，逆光的灯光效果、动感的水花迸射，带来了奇妙的画面光影效果。

▪ 光圈 F2.2 ▪ 焦距 85mm ▪ 感光度 100 ▪ 快门速度 1/125s

11.3.2 慢速快门表现梦幻海滩

无论是拍摄淅淅沥沥的雨景或者飘飘洒洒的雪景，还是拍摄汹涌澎湃的海浪或者飞流直下的瀑布，只要是具有一定动感态势的景物，摄影者都可以通过控制快门速度得到不同的视觉效果。下面这幅海景作品是利用2.5s的快门速度进行拍摄的，海浪向海岸移动的轨迹被很好地记录下来，画面中被慢速快门刻画出来的水体给人一种柔软细腻、梦幻迷离的感觉；傍晚时分，太阳光线透过满天彩霞映照海上的拱形石门和不断涌动的海浪，使画面整体不仅具有一定的明暗对比，同时还产生了一定的冷暖对比效果。

[▪ 光圈 F16 ▪ 焦距 20mm ▪ 感光度 50 ▪ 快门速度 2.5s ▪ 曝光补偿 +1.33EV]

11.3.3 | 表现动静结合之美

动 静 结合的画面往往给人以动感丰富、时 空 穿梭的现场感，以虚映实的表现手法，使动静相得益彰，主体鲜明而突出。右侧这幅作品拍摄于冬日黄昏时分，采用30s的快门速度拍摄油井钻探机，画面中只能看到运动轨迹的两

架钻探机伴随着暖意夕阳不停运转，动感十足，此时与右侧静止不动的钻探机形成强烈的动静对比。

[▪ 光圈 F8 ▪ 焦距 82mm ▪ 感光度 200 ▪ 快门速度 30s ▪ 曝光补偿 +0.33EV]

11.3.4 | 慢速快门表现流光溢彩

拍摄城市夜色时，要想流畅地表现车流的移动轨迹以及流线色彩，需要采用慢速快门进行拍摄。

右侧这幅作品取景城市高楼间的街道，表现车水马龙的画面。在曝光设置方面，选择小光圈F11以及13s的慢速快门对所要表现的光线进行控制，画面中行驶车辆的灯光线所表现的移动轨迹极具流畅性和灵活的线条感，与静态的建筑形成鲜明的对比。

[•光圈 F11 •焦距 17mm •感光度 100 •快门速度 13s •曝光补偿+0.67EV]

11.3.5 | 慢速快门表现神奇的自然天象

夏日的夜晚，天空正上演着一场精彩的电闪雷鸣交响曲。拍摄闪电通常选择F5.6~F11的光圈值，如果闪电离得很远，则选择F5.6的光圈值；如果离得较近，最好选择F8~F11的光圈值。而快门速度最好设置用B门进行手动控制。通常在没有光源的环境中，B门可以一直开启直至闪电闪过后再关闭，这样可以避免由于闪电的不规律而错失画面。左侧这幅作品左下角存在照明光源，为了避免该光源曝光过度，需要先对该光源进行测光，再设定相机为M挡手动模式，然后输入测得的曝光数值，等到闪电划过天空时按下快门即可。若环境光线发生变化，则需要及时调整曝光时间。

[•光圈 F11 •焦距 19mm •感光度 100 •快门速度 20s]

11.3.6 | 慢速快门表现绽放的烟花

烟花就像黑暗中闪亮发光的宝石，给平静的夜空带来华丽的乐章。构图取景时尽量选择建筑物等参照物进行拍摄，避免只是拍摄烟花而使画面单一、缺乏趣味。拍摄烟花需要需要留意风向和风力，有风的天气最适宜拍摄烟花，没有风的话，烟花容易与浓烟混淆，影响效果；同时尽量不要顺风拍摄，因为白色的烟雾会飘在烟花后面，影响拍摄效果。

烟花从升起到消失一般需要5~6s的时间，因此曝光时间控制在这之间就可以捕捉到绚丽绽放的烟花。当然具体的曝光数值还要根据环境光线的变化而有所改变。同拍摄闪电类似，下面这幅作品首先设置光圈值为F7.1，然后针对画面中较

▪ 光圈 F7.1 ▪ 焦距 18mm ▪ 感光度 100 ▪ 快门速度 25s

亮的灯光进行测光，接下来将相机调至M挡，手工设置光圈值为F7.1、快门速度为25s，然后等待烟花开始燃放时按下快门，这样就获得了一幅曝光精准、色彩绚丽的城市夜色。

11.3.7 | 慢速快门表现夜色喷泉

喷泉是城市美景的点缀，拍摄喷泉时最好和其他景物共同构图。右侧这幅作品拍摄的是布达拉宫的喷泉夜景，画面中的喷泉被灯光映射得五彩斑斓，一束束向上喷涌的线条富有节奏韵律感；喷泉与后方灯火通明的布达拉宫遥相呼应，描绘出神秘而富有鲜活朝气的藏地神韵。

▪ 光圈 F5.6　▪ 感光度 250
▪ 焦距 28mm ▪ 快门速度 1.6s

[光圈 F8 ▪ 焦距 45mm ▪ 感光度 100 ▪ 快门速度 8s]

11.3.8 摇摄增加画面动感

拍摄鸟类、体育赛事等题材，大多数情况都是利用高速快门进行抓拍，凝固精彩的瞬间动作，但有时也需要故意让画面的某部分模糊不清而使其更具艺术效果。右侧这幅作品表现的就是具有一定运动感的天鹅，首先将相机调到快门优先模式，使用较慢的快门速度（理想的是1/30s或者1/60s），然后随着被摄体进行摇拍。因为相机是随着天鹅的动作移动的，所以天鹅的成像清晰，但周围的景物变得模糊了。为了得到更好的画面效果，天鹅离开景框后，摄影者仍要继续摇拍几秒钟（使用连拍模式会增加拍摄的成功率）。

[▪ 光圈 F16 ▪ 焦距 400mm ▪ 感光度 200 ▪ 快门速度 1/50s ▪ 曝光补偿 −2EV]

11.3.9 推拉变焦增加画面动感

要得到与众不同的画面效果，摄影者就需要利用特殊的拍摄手法对画面进行表现。中途变焦技法，能够让原本平常的画面变得更加生动和个性。中途变焦技法的利用，使平凡的题材变得不平凡。如果拍摄时的曝光时间很长，按下快门后，在曝光时间过半后调整镜头焦距，利用曝光时间后半程的焦距变化来实现放射状的特殊效果；如果曝光时间很短，则在按下快门的同时要立即扭转焦距（焦距由长焦端转化为广角端）。

[▪ 光圈 F22 ▪ 焦距 200mm ▪ 感光度 31 ▪ 快门速度 1/30s ▪ 曝光补偿 −1EV]

11.3.10 | 高速快门定格精彩瞬间

高速快门通常应用于定格运动中的物体，例如体育赛事中的运动员、飞翔的鸟类、奔驰的骏马、飞溅的浪花等。不同于慢速快门表现出的带有运动轨迹的动感效果，高速快门能够捕捉精彩的瞬间姿态，带来真实的画面表现。右侧这幅作品拍摄于浪花飞溅的海岸，采用长焦距镜头压缩了画面空间，同时在构图元素上将灯塔、栏杆、浪花以点线面的简约方式组合，并且借助浪花与栏杆的大小对比，表现出巨浪滔天的壮观景象，而大浪中的灯塔露出一角，尽显英姿勃发、不畏风浪的飒爽豪气。

▪ 光圈 F8 ▪ 焦距 200mm ▪ 感光度 200 ▪ 快门速度 1/500s

下面这幅作品，以俯视的拍摄角度，运用高速快门定格了"群马奔腾尘飞扬，牧民扬鞭共起舞"的精彩瞬间。侧逆光的拍摄角度丰富了画面的光影效果，生动的场景给人身临其境的感觉。

▪ 光圈 F9 ▪ 焦距 200mm ▪ 感光度 320 ▪ 快门速度 1/500s ▪ 曝光补偿 -0.33EV

11.4 正确地使用曝光补偿

11.4.1 雪地拍摄增加曝光补偿

拍摄雪后美景，摄影者要注意控制好曝光。雪景曝光不同于常规的曝光，标准测光还原18%灰的测光方式会使白色的雪面在画面中变暗发灰。为了表现雪景晶莹剔透的气质，摄影者需要以雪作为测光基准，使用点测光的方式对雪面测光，并在此基础上增加1~2挡的曝光补偿，在还原雪面明亮的白色的同时，注意保留雪面的质感细节。

右侧这幅作品采用高机位俯拍，表现幼儿园雪地上孩子们撒欢的快乐瞬间，孩子们五颜六色的衣服给单一的雪地带来了活力。拍摄时为了更好地表现出雪的白色和质感，先对画面进行区域整体测光后，然后在此基础上增加2/3挡曝光补偿。

- 光圈 F5.6　　• 感光度 100
- 焦距 200mm　• 快门速度 1/800s
- 曝光补偿+0.67EV

11.4.2 增加曝光补偿使人物肤色更加白皙

要使美女的脸部更加明亮白嫩，最基本的方法就是通过增加曝光补偿的方式来实现一定的美容效果（如果拍摄的人物主体是男性，摄影者可以考虑适当降低曝光补偿，从而使男性显得更加阳刚）。除了利用曝光补偿的方式，摄影者还可以通过银白色反光板或者闪光灯来对人物脸部进行补光，从而得到曝光准确的人物照片。

下面这幅作品利用闪光灯进行曝光补偿来实现美白效果的，利用点测光模式对人物身后的白纱进行测光，最终使人物与背景完美地融合为一体，加深了观赏者对人物的印象。

- 光圈 F1.6　　• 感光度 200
- 焦距 35mm　　• 快门速度 1/400s
- 曝光补偿+1EV

11.4.3 降低曝光补偿表现剪影效果

为了更好地加深剪影效果，通常需要对相机测光后的数值进行曝光负补偿，这样黑色的剪影会显得更加浓重，整体的影调色彩也会更加深邃而富有味道。下面这幅作品采用长焦距镜头拍摄，压缩的空间使画面更加紧凑，一鸟一桩排列有序地将画面分割，剪影的效果给画面增添了神秘气氛。

光圈 F10 ■ 焦距 420mm ■ 感光度 100 ■ 快门速度 1/800s ■ 曝光补偿 −0.67EV

11.4.4 降低曝光补偿使动物毛色质感强烈

在曝光补偿的方法中，我们最常用到是"白加黑减"的原则。例如左侧这幅作品，由于长耳鸮处于大面积的深色背景中，

此时如果采用区域整体测光得来的数值进行拍摄，拍到的照片会出现过曝现象，因此借鉴"白加黑减"的曝光原则，就需要对测得的曝光数值进行曝光负补偿，以保证长耳鸮的曝光准确，使其毛色质感强烈。当然在测光时，也可以使用点测光针对长耳鸮身上的高光亮部测光，然后在测光数值基础上进行曝光负补偿。

■ 光圈 F3.5　　■ 感光度 100
■ 焦距 200mm　■ 快门速度 1/500s
■ 曝光补偿 −1EV

色彩篇

CHAPTER

12

色彩原理与黄金法则

12.1 色彩构成的概念

色彩构成是从人对色彩的感知和心理反应出发，用一定的色彩规律去组合要素间的相互关系，从而创造出新的、理想的色彩效果，这种对色彩的创造过程及结果，被称为色彩构成。

[▪ 光圈 F10 ▪ 焦距 18mm ▪ 感光度 100 ▪ 快门速度 1/6s ▪ 曝光补偿 +0.33EV]

12.2 色彩三要素

色彩的三要素，又叫色彩三属性，是指任何一种颜色都同时包含三种属性，即明度、色相和纯度。

明度，可以说是色彩的骨骼。在无色彩中，白色是明度最高的色，而黑色是明度最低的色，中间存在一个从亮到暗的灰色系列。在彩色中，任何一种纯度都有着自己的明度特征。例如：黄色为明度最高的色，紫色为明度最低的色。由于明度可以通过黑白灰的关系单独呈现出来，所以，其在三要素中具有较强的独立性。

明度变化

色相是指色彩的相貌。如果说，明度是色彩的骨骼，那么色相就是色彩的肌肤。光谱中各色相都是原始的色彩，它们构成了色彩体系中的基本色相。在可见光谱中，红、橙、黄、绿、蓝、紫每一种色相都有自己的波长和频率，而且每一种色彩都有自己的名称。所以，当我们说出某一个色彩的

纯度是指色彩的鲜浊程度。当特定的色彩被混入白色时，其鲜艳度降低，明度提高；当被混入黑色时，其鲜艳度降低，明度变暗；当混入明度相同的中性灰时，鲜艳度降低，明度没有改变。不同的色相不但明度不同，纯度也不相等。颜色中以三原色红、黄、

名称时，脑海里就会呈现出该名称所对应的色彩，这就是色相的概念。

色相示意图

蓝为纯度最高色，而接近黑、白、灰的色为低纯度色。纯度发生了变化，会立即带来色彩的变化。

色彩纯度示意图

12.3 摄影色彩的应用

在摄影过程中，运用的色彩不同，所呈现的画面效果也不同。这种色彩的呈现，不仅可以通过被摄体本身的色彩来完成，摄影者还可以采用一定的拍摄技法来实现某种色彩的效果。

在彩色摄影年代，黑、白两色似乎已经被很多摄影者所忽略，但其却是实实在在地主宰了黑白胶片摄影的整个年代。白色能够给人传达多种情感，比如明亮、干净、畅快、朴素、雅致、纯洁，等等，而黑色往往给人一种庄严、神秘或者是死亡、恐怖等比较压抑的感觉。

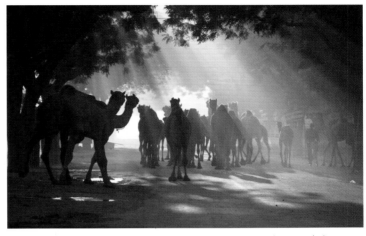

- 光圈 F5.6 · 感光度 100
- 焦距 100mm · 快门速度 1/100s

▪ 散射光线下的驼队光影突出、层次感强，画面给人神秘的故事感 ▪

在摄影过程中，黑色的表达和传递经常是摄影者采用某些摄影手段（比如通过控制曝光），用来使画面呈现出一种抽象的暗沉感。黑色往往被人看成是很个性、很具有表现力的颜色。在数码单反时代，黑白两色同样能给人视觉的冲击和心灵的震撼，无论是其单独表现，还是跟其他色彩互相搭配，都会给人无穷的遐想和沉思。

▪ 光圈 F4 ▪ 焦距 180mm ▪ 感光度 100 ▪ 快门速度 1/200s ▪ 曝光补偿-1EV ▪

▪ 剪影的效果给人呼之欲出的画面感 ▪

　　无论是在电影中，还是平常生活中，红色都是人们所钟爱的颜色，当然，摄影也不例外。红色代表热情、奔放、欢喜、前进等比较激烈的情感，红色能给人一种强烈的视觉冲击。而这种颜色的表达，大多数是通过实实在在的被摄体颜色或者某种特效灯光、自然光线呈现的。

大红色的服饰给人刺激温暖、热烈奔放的观感。

光圈 F10 ■ 焦距 35mm ■ 感光度 100 ■ 快门速度 1/160s

　　在风光摄影中，提到蓝色，人们不禁会联想到蓝色的天空、蓝色的大海等。蓝色代表冷静、宁静、深沉等，这种颜色的表现通常是与其他颜色互相搭配才得以实现。在使用数码单反相机进行拍摄的过程中，摄影者要注意相机白平衡的设置以及曝光的控制。同时，摄影者还可以利用手中的偏振镜来突出天空、大海等自然风光的色彩魅力。

蔚蓝色的海面十分平静，一抹暖阳更增添了一份闲适。

光圈 F8 ■ 焦距 200mm ■ 感光度 160 ■ 快门速度 1/200s

黄色和绿色也是摄影者所钟爱的颜色。黄色自古以来就给人一种高贵、不可触及的感觉。在现实生活中，黄色同样能给人带来温暖、豁达、活泼等感觉。黄色的表达同红色一样，主要来自于被摄体本身的颜色以及一些特殊的环境和光线效果。

绿色代表活力和生机，提到绿色，人们便会想到绿叶、绿草等具有旺盛生命力的物体。在很多摄影作品里，绿叶总是被当做红花的陪衬体，或者背景出现。其实，当摄影者单独对绿叶等绿色物体进行表现时，画面会呈现另一种独特的美感与生机。

- 光圈 F8　　- 感光度 400
- 焦距 200mm　- 快门速度 1/2000s

- 夕阳洒落的海滩温暖而充满希望 ■

■ 绿意盎然的勃发之美 ■　　- 光圈 F8 - 焦距 100mm - 感光度 100 - 快门速度 1/250s - 曝光补偿 –1EV

12.4 摄影色彩的配置

摄影色彩配置中，主体与陪体及背景的色调关系直接影响到最终的拍摄效果。因此，摄影者在配色时应注意：首先，大多数情况下，主体的颜色要比陪体及背景色更明亮或者更鲜艳，因为明色、艳色比暗色、浊色更具吸引力，这样能够达到突出主体的效果；其次，一般情况下，明亮或者鲜艳主体的色彩面积相对于陪体或者暗而纯度低的背景色彩面积要小，小面积比大面积会更具效果。

下面介绍什么是相邻色的配置。相邻色是指色环上彼此相邻的两种颜色，当画面运用黄色和绿色或者红色和紫色等相邻色时，能在一定程度上实现颜色的均匀过渡，给人一种和谐、稳定的感觉。

相邻色

■ 蓝、紫相邻色的组合运用，带来了夜的深邃与婉蜒之美 ■

[■ 光圈 F8 ■ 焦距 180mm ■ 感光度 200 ■ 快门速度 1s]

其次介绍的是互补色的搭配。互补色是指在色环中，处于相对位置（角度呈180°）的两种颜色。在画面中，把绿色跟红色这两个最典型的互补色进行搭配时，强烈的色彩反差会带来明显的对比效果。运用互补色进行摄影创作，能够进一步提高画面颜色的鲜艳度，使主体更加明确，画面更加具有吸引力。

对比色

[■ 光圈 F4 ■ 焦距 185mm ■ 感光度 320 ■ 快门速度 1/800s]

■ 鲜亮色的红绿对比使画面饱满而热烈 ■

如色轮所示，红色、黄色、橙色等颜色被称为暖色。当画面由大部分暖色形成，整体颜色偏向红色时，所呈现出来的基调为暖色调。暖色调能够给人积极、热闹、热烈、奔放、温暖的感觉。其多由物体本身所具有的颜色及特殊的灯光效果所形成，适合表现部分风景、女性形象或者有异域风情的纪实题材。

竖线右侧为暖色

▪ 夕阳下的驼队透着生命的温暖 ▪　[▪ 光圈 F8 ▪ 焦距 70mm ▪ 感光度 200 ▪ 快门速度 1/250s ▪ 曝光补偿 −2EV]

冷色是指除暖色以外的蓝色、绿色等。当画面由大部分冷色形成，整体颜色偏向蓝色时，所呈现出来的基调为冷色调。冷色调给人一种安静、稳定、平和、寒冷的感觉。其具代表性的拍摄题材为蓝天、水面、山林等。

竖线左侧为冷色

▪ 冷色调的江面孤舟 ▪　[▪ 光圈 F5 ▪ 焦距 35mm ▪ 感光度 160 ▪ 快门速度 1/5s ▪ 曝光补偿 −2EV]

12.5 影调对画面色彩的影响

影调主要跟光线有关，它在一定程度上影响着画面色彩的表达。影调是指画面的明暗层次、虚实对比以及色彩的明暗关系。在这些关系中观赏者能够深切感受到光的流动和变化。影调可以说是光的空间存在形式。光影的明暗层次变化还会使画面具有一种音乐般的视觉节奏和韵律。控制景物的层次和空间距离及光源方向，是获得这种丰富影调效果的直接途径。

影调有两个含义：一是指被摄体表面的不同亮度在黑白感光材料上所形成的阶调层次，即黑、白、灰以及处于这三个主要等级之间的过渡层次；二是指整个画面的调子。摄影作品，尤其是黑白照片比较讲究影调，影调表现如果失败，那么照片就谈不上艺术性。依照调子的不同，摄影作品主要分为三个类型，即高调、低调、中间调。

- 光圈 F7.1　　• 感光度 200
- 焦距 200mm　• 快门速度 1/320s
- 曝光补偿−0.67EV

▪ 简洁明快的线条使画面充满意境 ▪

在黑白摄影作品中，高调作品是指白到浅灰的影调层次占了画面的绝大部分，同时加上少量的深黑影调。无论是黑白还是彩色摄影，高调作品都会给人明朗、纯洁、轻快的感觉，但随着主题内容和环境变化，也会产生惨淡、空虚、悲哀的感觉。高调摄影一般采用较为柔和、均匀、明亮的顺光来加以实现。

▪ 高调的画面效果表现出人物的性感与特立独行 ▪

[▪ 光圈 F8 ▪ 焦距 65mm ▪ 感光度 100 ▪ 快门速度 1/125s]

　　低调作品是指深灰至黑的影调层次占了画面的绝大部分，少量的白色起着影调反差作用。低调作品容易形成凝重、庄严和刚毅的感觉，但在另一种环境下，它又会给人黑暗、阴森、恐惧之感。低调作品通常采用侧光和逆光拍摄，使物体和人像产生大量的阴影及少量的受光面，从而形成明显的体积感、重量感和反差效应。

▪ 篝火下的对话，引人思索 ▪　　　[光圈 F2.8 ▪ 焦距 25mm ▪ 感光度 200 ▪ 快门速度 1/15s ▪ 曝光补偿 −0.33EV]

　　灰色调有其独特的魅力，基调的特征不是很明显，但画面层次丰富、细腻，它往往随着画面的形象、动势、色彩、光线的不同而呈现不同的感情色彩。中间调一般由多光源综合配置而成，用中间调来表现大自然的景观是很理想的。其善于模糊物体的轮廓，从而给人一种柔和、恬静、素雅的感觉，比较适合表现雨、雾、云、烟等景色。

▪ 轻纱薄雾中的石城秋色不是仙境胜似仙境 ▪

[光圈 F10 ▪ 焦距 40mm ▪ 感光度 100 ▪ 快门速度 1/800s ▪ 曝光补偿 −1.33EV]

CHAPTER

13

如何把握风光摄影的色彩

13.1 不同色温带来的色彩差异

受天气变化和色温的影响，在不同时间段里拍摄出的风景会有不同的色彩，摄影者可以根据所要表现的主题来调整曝光组合，使作品的影调和色彩变化更有韵味。

右侧这幅作品拍摄于清晨时的黎明一刻，此时太阳初醒，光照角度很低，冷色温的效果使整个画面场景处于阴冷状态，同时轻雾缭绕的层叠山势以及散落的轻舟渔夫，给画面增添了一份神秘色彩。

[▪ 光圈 F8 ▪ 焦距 37mm ▪ 感光度 100 ▪ 快门速度 1/80s]

右侧这幅作品则是拍摄于黄昏，此时的太阳光线角度虽然也较低，却营造出了暖意融融的暖色温效果，描绘出一幅热烈奔放的夕阳牧马图。画面中骏马奔腾，烟尘四起，赶马人策马扬鞭的场景，生动真切且富有激情，给观赏者留下深刻的印象，让人回味无穷。远中近景的合理安排，突出了画面空间层次，特别是阳光照耀下的烟尘，光感丰富，既强化了画面层次，又渲染了画面气氛。

[▪ 光圈 F8 ▪ 焦距 200mm ▪ 感光度 400 ▪ 快门速度 1/800s ▪ 曝光补偿 −0.33EV]

13.2 被摄体自身的色彩表达

　　除了受时间段、环境光线的影响，充分利用被摄体自身独特的色彩进行表达，同样能够得到完美至极的画面，给人留下深刻的印象。

　　右侧这幅作品拍摄于人迹罕至的大漠，金色的沙丘连绵起伏，黄金分割点上行进中的驼队拖着长长的影子，此时耳边仿佛回荡起远处传来的阵阵驼铃声，一段古代丝路的印记不觉涌上心头，勇往无畏的大漠精神激励人心。

■ 光圈 F6.3 ■ 焦距 200mm ■ 感光度 320 ■ 快门速度 1/640s

　　下面这幅作品拍摄于白雪覆盖的东北雪乡，洁白的雪地晶莹、透亮，使人不忍踩踏；厚厚的雪层将木屋、树桩妆点成了美丽的童话王国，仿佛正期待着白雪公主的到来。

■ 光圈 F9 ■ 焦距 35mm ■ 感光度 200 ■ 快门速度 1/320s ■ 曝光补偿 -0.33EV

13.3 对比色的应用

　　对比色通常会给人印象深刻的视觉刺激，无论是自然界的冷暖辉映还是人造景观的寂静与喧哗，都无时无刻不在呈现给我们美的享受。

　　右侧这幅作品拍摄于神秘而伟大的凯拉什山，当清晨第一抹阳光洒落山顶，灿烂的金黄色在山体、蓝天的冷色调包围中，显得分外绚丽而夺目，缭绕的云雾更是锦上添花，给雪山蒙上了神秘色彩。

[▪光圈 F16 ▪焦距 35mm ▪感光度 100 ▪快门速度 1/60s]

　　右侧这幅作品拍摄于夜色之都香港。城市中暖色的灯光闪烁与冰冷的建筑体、蓝色的夜空、紫色的云朵相互衬托、对比强烈，共同写就了夜色的喧闹与繁华。

　　拍摄时利用巨大的摩天轮作为前景，营造出近大远小的视觉冲击；同时略带倾斜的取景角

度，也带来了画面的动感。时尚、年轻、活力、动感的元素充满了美丽的夜色之都，带给观赏者欢快向往的想象空间。

[▪光圈 F11 ▪焦距 24mm ▪感光度 100 ▪快门速度 6s]

13.4 相邻色的应用

相邻色通常带给人自然、和谐、统一的视觉享受，同对比色一样，我们既可以从自然界中去感受它的存在，也可以从身边的人造景观中去捕捉发现。最为常见的相邻色有黄绿色、蓝绿色等。

右侧这幅作品拍摄于下午时分，温暖的阳光照耀着整座桥，在近处绿色铁树以及背景处大片的染黄翠绿掩映下，橙黄色的桥体散发着温馨、阳光、充满活力的气息，给观赏者描绘出一种休闲、惬意、宁静、安详的小镇生活。

[▪ 光圈 F5.6 ▪ 焦距 70mm ▪ 感光度 100 ▪ 快门速度 1/60s]

下面这幅作品中，绿色和蓝色为画面的主基调，两种相邻色相辅相成，描绘出美丽山川的自然、生态、大气、和谐、震撼之美，给观赏者带来非同寻常的视觉享受。

[▪ 光圈 F8 ▪ 焦距 35mm ▪ 感光度 200 ▪ 快门速度 1/250s ▪ 曝光补偿-1.67EV]

13.5 阴影使色彩更加突出

在风光摄影的色彩表现中，光影是不可缺少的一部分，画面中的阴影部分不仅能够赋予照片更深层次的意义，同时增强画面的观赏性。所以，要充分利用阴影来表现画面。

右侧这幅作品拍摄于黄昏时的东沟，侧角度的光线洒满整个山坡，五彩斑斓的树木此起彼伏、动感而富有生机，树下形成的片片阴影，既强化了画面的立体感，又衬托着树木的颜色倍加鲜艳光泽。

[▪ 光圈 F18 ▪ 焦距 100mm ▪ 感光度 31 ▪ 快门速度 3s ▪ 曝光补偿−1.67EV]

通常侧光、逆光的拍摄角度最容易营造出美妙的光影氛围，表现出立体的空间效果。而其中侧光的拍摄角度尤为突出，可以更好地突出光影，丰富画面色彩。

右侧这幅作品同样拍摄于落日时分，侧方向照射的暖阳给平淡的山村土房带来了美妙的光影效果，明暗起伏的空间错位强化了画面的立体感和空间感。远方的客人沉浸其间，追寻往日的岁月沧桑。

[▪ 光圈 F6.3 ▪ 焦距 135mm ▪ 感光度 200 ▪ 快门速度 1/160s ▪ 曝光补偿−1.67EV]

13.6 滤镜使画面色彩丰富

滤镜多种多样，对于摄影者来说，最常见和最实用的滤镜莫过于偏振镜、减光镜和中灰渐变镜。而其中尤以中灰渐变镜最能突出画面色彩，使风光照片的颜色更加饱满。

右侧这幅作品采用慢速快门长时间曝光，表现出气势如虹、霞光满天的海湾暮色景象。画面中寂静无声的海面与流动飞逝的云霞，动静结合，强有力地渲染了画面气氛，而中灰渐变镜的使用丰富了画面色彩，表现出浓郁的色调。

▪ 光圈 F16 ▪ 焦距 24mm ▪ 感光度 100 ▪ 快门速度 15s

借助中灰渐变镜可以有效地平衡画面光比，还原更多的亮部层次细节，带来过渡自然、色彩饱和的唯美画面，给观赏者以美的享受。

右侧这幅作品使用中灰渐变镜拍摄，真实地还原出了天空、云雾、山岭的色彩细节，丰富浓郁的色彩效果辅以充足的阳光照射，营造出史诗般华丽炫彩的风光佳作，让人沉醉不已。

▪ 光圈 F9 ▪ 焦距 42mm ▪ 感光度 200 ▪ 快门速度 1/2s

CHAPTER

14

人像摄影色彩

14.1 人物化妆造型

　　化妆造型是人们艺术生活中的重要组成部分，是摄影者拍摄理想照片的必要前提。无论是摄影者还是被摄者都需要掌握一些基本的化妆和造型技巧，这有利于拍摄工作的顺利进行。

　　对于基本的人物化妆，几种实用的化妆品是必不可少的。其中包括：含有油脂和水分的粉底液（湿粉），其不仅便于涂抹，效果也比较自然，适合自然妆和皮肤较好的人使用；腮红是化妆造型中的"点睛之笔"，可以很好地修饰脸形和肤色，为了使妆容持久，可以在上粉底时先使用腮红膏，然后再以粉质腮红加强红润效果；眼影是整幅妆容的调色品，其颜色品种繁多，我们可以选择几种比较常用的颜色作为备用，比如适合不同烟熏妆的炫黑、银灰或者宝蓝色，适合自然妆容及辅助调色的淡紫、浅黄、浅绿、纯白等；眉笔、眼线笔和睫毛膏是修饰眼部的必需品，眉笔可以修饰眉形，眼线笔可以强调眼部轮廓，睫毛膏可以使眼眸明亮、有神；对于唇部的修饰，我们可以选择滋润有光泽的唇膏或者唇彩。

　▪ 光圈 F11 ▪ 焦距 85mm ▪ 感光度 100 ▪ 快门速度 1/160s

　　总之，要想得到一幅完美的人像照片，摄影者和模特都需要在妆容造型上下功夫。摄影者可以根据自己的拍摄需要，决定妆容的风格和类型。

14.2 服装色彩搭配

服装的搭配在人像摄影造型中起着至关重要的作用，服装搭配不好，会影响整幅画面的美感。掌握一些必备的服装搭配实用技巧，能够进一步提升画面的整体美感。

保证画面成功的最简单的方法就是利用无彩色服装进行搭配，黑、白、灰三色堪称永恒流行的搭配色，无论背景色彩组合多复杂，都能融入其中。

在已有的背景色彩组合中，选择黑白灰任一颜色作为与之相搭配的服装色，都能给人整体和谐的印象。

另外，还可以选择背景中的不同色彩组合进行服装搭配，得到的画面效果不但协调、美丽，还可以变化心情和感受。例如，在下面的这幅作品中，模特头上红黄相间的小饰物以及以红色为主色的唐装与背景中夹杂的红黄色就互相协调。

另一方面，要掌握好主色、辅助色和点缀色的用法。主色是占据全身色彩面积最多的颜色，比例在60%以上，通常表现为套装、风衣、大衣、裤子、裙子等；辅助色是与主色搭配的颜色，占全身面积的40%左右，通常是指单件的上衣、外套、衬衫和背心等；点缀色一般只占全身面积的5%~15%，通常表现为丝巾、鞋、包和饰品等，起到画龙点睛的作用。

最后，全身服饰色彩的搭配面积比例（尤其是穿着对比色的服装）应避免1:1（一般以3:2或5:3为宜），否则容易给人一种呆板和不协调感。如果被摄者不了解自己的着装风格，那么不超过三种颜色的穿着，绝对不会让人出位。服装整体的颜色越少，越能体现模特优雅的气质，并给人利落、清晰的印象。

· 光圈 F3.5 · 焦距 90mm · 感光度 160 · 快门速度 1/125s

14.3 环境色对画面色彩的影响

环境色在整幅画面中起着不可忽视的作用，环境色也可以称作背景色，一般情况下，它是画面中面积最大的色彩（尤其体现在环境人像拍摄中），是直接体现作品色调的颜色，因此经常以主色调的形式存在。利用背景色彩来衬托表现人物，不仅可以使画面色彩协调，浑然一体，而且可以向观赏者正确传达自己的拍摄意图和画面情感。

右侧这幅作品具有一定的冷暖对比效果。暖调的灯光搭配红色背景纸以及暗色的古木桌椅，画面的整体环境呈现出一定的暖调效果。模特身着蓝色冷调服饰，不仅与背景形成一定色调对比，而且给人展现了一幅楚楚动人的古代佳人美图。

▪ 光圈 F1.8 ▪ 焦距 85mm ▪ 感光度 1600 ▪ 快门速度 1/160s ▪ 曝光补偿 −0.7EV

14.4 色彩的联想对画面色彩构成的影响

人像照片的画面色彩是由人物化妆色彩、服装色彩和环境色彩构成的，在学习了人物化妆、服装、环境对画面的色彩影响后，摄影者在从事人像创作时，就需要对这三者进行统一考虑，从画面的整体性去选择和控制色彩。

无论是摄影者还是摄影作品的观赏者，在感觉到客观的色彩时，就会自然地产生联想、

记忆和情感等一系列的心理活动。不同的色彩会使人产生不同的情绪，如兴奋、悲哀、恐惧、抑郁等。为了区别不同的色彩对情绪的不同影响，人们将色彩进行了划分：暖色系、冷色系和中间色系。

下面我们就来看一下，不同的色系的色彩的联想与象征对画面色彩构成的影响。

14.4.1 冷色系色彩的联想

冷色是指那些给人寒冷、凉爽、深远等感觉的色彩，使人们联想到冰雪、大海、天空，如蓝色、青色、蓝青色等。

在拍摄冷色调的主题人像时，画面的色彩

既可以运用不同明度、不同饱和度的冷色来构成画面，也可以让冷色与其他的中间色（也称为无色系，即黑色、白色和灰色）搭配使用。

▪ 光圈 F7.1 ▪ 焦距 42mm ▪ 感光度 100 ▪ 快门速度 1/160s

▪光圈 F10 ▪焦距 100mm ▪感光度 100 ▪快门速度 1/200s

|14.4.2| 暖色系色彩的联想

　　暖色是指那些使人们联想到火焰、日出、日落等给我们以温暖、热烈、喜悦、活力等感觉的色彩，如红色、橙色、黄色以及偏这些颜色的色彩。

⌈ ▪ 光圈 F2.80 ▪ 焦距 43mm ▪ 感光度 200 ▪ 快门速度 1/8s ⌋

|14.4.3| 中间系色彩的联想

　　色彩学中大体可以将色彩分为有彩色和无彩色，无彩色也就是中间色。狭义地讲，中间色就是黑、白、灰。中间色既不偏冷也不偏暖，几乎可以和任何色彩搭配，这也是中间色的特点。

　　在运用中间色进行画面色彩构成时，要注意中间色的层次，不能是纯色没有层次。例如，在运用黑色构成画面时，要注意黑色的层次，黑色并不是死黑一片，可以和少量的黑灰、深灰、中灰等结合搭配，这样的画面会有紧有松，有透气感；在运用白色构成画面时，要注意光比和曝光，否则白色会没有层次；在运用灰色构成画面时，也要注意深灰、浅灰、亮灰、中灰等搭配使用，形成层次变化。

　　在拍摄时尚类作品时，经常会使用中间色系色彩。

⌈ ▪ 光圈 F16 ▪ 焦距 80mm ▪ 感光度 50 ▪ 快门速度 1/320s ⌋

14.5 色彩的表现效果对画面色彩构成的影响

我们的日常生活中到处都充满着色彩，色彩的表现是非常丰富的。当我们感觉到色彩时，内心就会赋予色彩一定的情感。所以，色彩的各种表现也影响着我们的感受，这也是我们进行画面色彩构思的源泉。

|14.5.1| 色彩的轻重感

物体表面的色彩不同，看上去就会产生轻重不同的感觉，这种与实际重量不相符的视觉效果，被称为色彩的轻重感。感觉轻的色彩称为轻感色，如白、浅绿、浅蓝、浅黄色等；感觉重的色彩称重感色，如藏蓝、深红、土黄色、黑、棕黑等。

色彩的轻重感主要取决于色彩的明度，明度高的亮色感觉轻，明度低的暗色感觉重。明度高的轻色使人联想到蓝天、白云等，产生轻柔、飘浮、上升等感觉。明度低的重色彩使人联想到沉重、稳固、安全等感觉。所以在进行画面的色彩搭配时要注意轻、重颜色的合理使用，一般重色在下面，轻色在上面，这样可以避免给人头重脚轻的压抑感。

▪ 光圈 F8 ▪ 焦距 85mm ▪ 感光度 100 ▪ 快门速度 1/160s

|14.5.2| 色彩的前进与后退感

在一幅作品中，画面中的蓝、紫色给人的视觉感受是看起来比较远，有后退感。相反，红、黄色就感觉近，有前进感。凡对比度强的色彩搭配具有前进感，对比度弱的色彩搭配就具有后退感；明快的色彩具有前进感，暖昧的色彩具有后退感。

[▪ 光圈 F6.3 ▪ 焦距 20mm ▪ 感光度 100 ▪ 快门速度 2s]

在人像摄影中，色彩的前后感常被用来加强画面的空间层次，如需画面背景如天空退远可选择冷色，色彩对比度也需相应减弱；为了使前景或主体突出，应选择暖色，色彩对比度也应加强，这样就会突出主体并可以加重画面的空间感。

14.5.3｜色彩的柔美感

　　色彩的柔美感是色彩的一种清淡、飘逸感觉的表现。通常，这类色彩的明度是偏高的，而饱和度是偏低的。我们在进行人像摄影时，如果想要得到清淡、柔美的画面效果，就可以选择明度偏高而饱和度偏低的色彩。

　▪ 光圈 F2.8 ▪ 焦距 85mm ▪ 感光度 200 ▪ 快门速度 1/800s

|14.5.4| 色彩的软硬感

　　软硬感也是色彩的重要特征，色彩的软硬也与明度和饱和度有关系，明度高、饱和度低的色彩给人以明快、柔和、亲切的感觉；明度低的色彩则给人坚硬、冷漠的感觉。

　　一般来说，软色调在高调和画意人像摄影中较为常见，硬色调在拍摄低调或中低调的人像摄影时使用得比较多。

［ ▪ 光圈 F5.6 ▪ 焦距 23mm ▪ 感光度 200 ▪ 快门速度 1/1600s ］

|14.5.5| 色彩的大小感

　　色彩的大小会使画面中的色彩有一种生动的对比效果，在大面积的色彩陪衬下，小面积的纯色会起到特别的效果。

　　通过运用画面中色彩的大小对比，来加大画面的空间、突出主体是人像摄影中常用的拍摄技法。

▪ 光圈 F9 ▪ 焦距 170mm ▪ 感光度 200 ▪ 快门速度 1/125s

镜头篇

CHAPTER

15

根据拍摄题材选择镜头

15.1 风光摄影镜头

15.1.1 广角变焦镜头——大场景风光

在风光摄影的范畴中，摄影者可以通过多样化的表现手法拍摄各种主题，而其中具有宽广视角的画面无疑会给人以强烈的空间感与临场感。为了更好地表现多变的自然世界，广角变焦镜头必不可少。选择一支优秀的摄影镜头，能够使眼前的美景得到更好的再现。

佳能EF 16-35mm f/2.8L II USM镜头是佳能变焦三剑客（另外两支分别是EF 24-70mm f/2.8L II USM和EF 70-200mm f/2.8L IS II USM）之一。这是一支全焦段恒定F2.8光圈的超广角变焦镜头，镜头使用了两片UD超低色散镜片以及3片非球面镜，优化的镜片镀膜和镜片位置有效地抑制了鬼影和眩光。圆形光圈带来出色的焦外成像，环形超声波马达、高速CPU和优化的自动对焦算法使对焦安静、快速、准确。

EF 16-35mm f/2.8L II USM

同样有着L级镜头的良好做工和光学素质，并在全画幅机身上也能正常使用的佳能EF 17-40mm f/4L USM镜头，其拥有全焦段恒定F4光圈，最近对焦距离0.28m，最大放大倍率0.24倍，以及快速安静的USM超声波马达对焦，同样适合风光拍摄。

EF 17-40mm f/4L USM

▪利用前景的渔船，强化画面空间感▪　[▪光圈 F18 ▪焦距 21mm ▪感光度 31 ▪快门速度 6s ▪曝光补偿 −1.33EV]

此外，尼康AF-S 14-24mm f/2.8G ED超广角高速变焦镜头和AF-S 17-35mm f/2.8D IF-ED超广角变焦镜头同样是两支拍摄风光的不错的镜头选择。

尼康AF-S 14-24mm f/2.8G ED超广角高速变焦镜头是N家"大三元"（另外两支镜头分别是AF-S 24-70mm f/2.8G ED和AF-S 70-200mm f/2.8G ED VR II）变焦镜头的其中之一。这一支变焦镜头具有一系列的专业特性，可提供优越的整体性能，两片超级色散镜片的使用有效地提升了锐利度与反差，而三片非球面镜片可以消除镜头的像差，减少畸变带来的图像困扰。另外该镜头具备全焦段恒定的最大光圈值

F2.8，同时还具有全焦段最近0.28m的主体对焦距离，可以展现视觉冲击感强烈的空间透视效果。这支镜头比较适合用于风光摄影、建筑摄影和新闻摄影等。

AF-S 14-24mm f/2.8G ED

尼康AF-S 18-35mm f/3.5-4.5G ED广角镜头，被称为"银广角"，该镜头最近对焦距离为0.28m，配备了实现安静自动对焦的宁静波动马达（SWM），同时具有两种对焦模式——手动优先自动对焦（M/A）和手动对焦（M）。镜头配备了2片ED镜片和3片非球面镜片，重量只有385g，携带方便，十分适合风光创作。

AF-S 18-35mm f/3.5-4.5G ED

▪ 广角镜头下，绚丽的车轨带来了夜的丰富多彩 ▪　▪ 光圈 F13 ▪ 焦距 18mm ▪ 感光度 100 ▪ 快门速度 30s

│15.1.2│ 标准变焦镜头——广泛适用性

佳能EF 24−70mm f/2.8L Ⅱ USM标准变焦镜头是C家"大三元"(下有EF16−35mm f/2.8L Ⅱ USM，上有EF 70−200mm f/2.8L IS Ⅱ USM)变焦镜头之一。该镜头结构为16片13组，能够达到比较好的光学效果。其中77mm的滤色镜口径和非球面镜片的应用，让镜头在全焦距范围内均可达到极高的成像质量和更快的自动对焦速度。此镜头拥有经典的黄金焦段，在全画幅单反上得益于1:1的优势，更能发挥威力。由于表现力非常出色，对于佳能影友来说，这支镜头是不可或缺的。

EF 24−70mm f/2.8L Ⅱ USM

佳能EF 24−105mm f/4L IS USM是一支拥有光学防抖性能、使用超声波马达的标准变焦镜头。作为佳能L级红圈镜头之一，该镜头拥有出色的成像质量。全程F4的大光圈，为暗光下的拍摄创造了条件，同时可以更好地虚化背景；而IS防抖功能，则保证了手持成像的清晰；USM超声波马达的应用，带来了出色的对焦速度。该镜头安装在全画幅产品上，焦段涵盖广角至中焦，实用且方便；而安装在APS规格单反相机上，虽然失去了广角性能，但在长焦端也同样有优势。

EF 24−105mm f/4L IS USM

▪ 云山雾绕、阳光洒落下的倒影宏村 ▪ 　▪ 光圈 F18 ▪ 焦距 54mm ▪ 感光度 100 ▪ 快门速度 1/60s

尼康AF-S 24-70mm f/2.8G ED标准变焦镜头和AF-S VR 24-120mm f/3.5~5.6G IF-ED标准变焦镜头同样是两支具有黄金焦段的优秀镜头。

作为尼康"三剑客"之一的AF-S 24-70mm f/2.8G ED标准变焦镜头，在设计上采用3片ED镜片、3片非球面镜片，其中一片加上了一层纳米结晶涂层，令镜头产生眩光的情况得以减少，从而保证了其光学素质；在前组镜片中，尼康最先进的镀膜技术也大大提升了它的成像，同时能够进一步阻止外界对镜头的腐蚀；在成像方面，这支镜头在色彩还原上要相对饱和，在色散的处理上也非常到位，像场的平均也正是这个焦段最有魅力的地方。而最新推出的 AF-S 24-70mm F2.8E ED VR还新增加了防抖功能。

AF-S 24-70mm f/2.8G ED

AF-S 24-120mm f/4G ED VR

尼康AF-S 24-120mm f/4G ED VR配备2片ED镜片和3片非球面镜片，拥有5倍的变焦范围，并且实现了全焦段F4的恒定光圈，其具备的纳米结晶图层可有效降低鬼影和眩光效果。该镜头还配备了尼康最新的VRⅡ防抖功能，相当于提高4挡快门速度，宁静波马达可实现安静的自动对焦。

▪ 暮色晚霞中海草房似恋人般相依相偎 ▪   ▪ 光圈 F8 ▪ 焦距 32mm ▪ 感光度 100 ▪ 快门速度20s ▪ 曝光补偿-2EV ▪

15.1.3 | 中远摄变焦镜头——空间压缩美

对于风光摄影来说，广角镜头并不能完成所有的风光摄影创作，外出采风时，长焦镜头必不可少。由于风光摄影需要跋山涉水，所以一支适用范围广，同时又能保证摄影者得到更精美的作品的镜头必不可少。佳能EF 70-200mm f/4L IS USM是一支轻携型的中长焦变焦镜头。其光学结构是15组20枚镜片，其中包括1枚萤石镜片和2枚超低色散（UD）镜片；最近对焦距离是1.2m，采用环形超声波马达驱动镜头的自动对焦，宁静而迅速，同时具有全时手动对焦功能；IS光学影像稳定器可以获得相当于最多提高4挡快门速度的防抖动效果。

EF 70-200mm f/4L IS USM

▪ 长焦距拍摄呈现出美好生态的空间紧凑感 ▪

▪ 光圈 F6.3 ▪ 焦距 200mm ▪ 感光度 100 ▪ 快门速度1/800s ▪ 曝光补偿−0.67EV

AF-S 尼克尔 70-200mm f/4G ED VR是一款轻便小巧的FX格式、全焦段恒定光圈F4的远摄变焦镜头。它提供了出色的图像质量和广泛的焦距范围。与其他尼克尔长焦镜头不同，这支镜头仅850g，带来便携性和超高性能。还拥有减震功能，以提高图像质量。这款镜头能满足专业人士的需求。

AF-S 70-200mm f/4G ED VR

▪ 前后景别的充分运用使画面充满了画意情趣 ▪

▪ 光圈 F8 ▪ 焦距 80mm ▪ 感光度 100 ▪ 快门速度 1/15s

15.1.4 | 远摄变焦镜头——拍摄更远处的风景

作为一款L级远摄变焦镜头，当搭配APS-C画幅相机使用时可获得约112~480mm的超远摄视角效果。可应对从体育、野生动物以及风光等多种题材类型的拍摄。最近对焦距离仅为约1.2m，不仅能更大胆地接近被摄体拍摄，也可适用于人像摄影等。光学元件中配置了2片超低色散（UD）镜片，可在全焦段中展现较高的分辨率。所搭载的手抖动补偿机构IS影像稳定器，可在全焦段下发挥相当于约4级快门速度的补偿效果。除了普通拍摄下手抖动补偿"模式1"之外，还具备可对应追随等拍摄的"模式2"。

▪ 运用远摄镜头表现"白云深处有人家"的诗情画意 ▪

▪ 光圈 F9 ▪ 焦距 220mm ▪ 感光度 100 ▪ 快门速度 1/640s

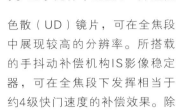

EF 70-300mm f/4-5.6L IS USM

接着介绍的是尼康AF-S VR 70-300mm f/4.5-5.6G IF-ED远摄变焦镜头。该镜头配备了相当于提高4挡快门速度的VR II，2片ED镜头，最近摄影距离1.5m，并且内置了提供精确的宁静波动马达，约重745g，只有70-200mm f/2.8G镜头的一半。拍摄风景时，小巧轻便型的器材自然是优选。

AF-S VR 70-300mm f/4.5-5.6G

▪ 弯曲的滩涂、飞翔的海鸥、拾海而归的人构成了一幅精致的滩涂美景 ▪

▪ 光圈 F8 ▪ 焦距 280mm ▪ 感光度 200 ▪ 快门速度 1/400s

|15.1.5| 14mm广角定焦镜头——拍摄具有强烈透视感的风景

佳能EF 14mm f/2.8L II USM广角定焦镜头作为EF 14mm f/2.8L USM的升级版，采用了最新的光学设计，镜头卡口、开关面板和对焦环采用防尘防水构造；除了采用了内对焦模式、USM（超声波马达）以外，还装载高速CPU和AF算法最优化，使AF变得又静又快，在AF模式下，同样可以进行手动调焦；镜头采用了11组14片结构，由于采用玻璃模型非球面镜头，实现了抑制歪曲像差和提高周边画质的功能；该镜头对角线视角达约114°，可将广阔的风景收入一张照片，还能近距离拍摄超高层建筑的全景。

为追求更高画质，采用了2片高精度GMo（玻璃模铸）非球面镜片，可有效补偿超广角镜头容易出现的像面弯曲和歪曲像差等多种像差。同时还采用了2片超低色散（UD）镜片，较大程度抑制了倍率色像差的产生，可抑制被摄体边缘较易出现的色晕，使整个画面均可获得较高的画质。虽然焦距为14mm，

EF 14mm f/2.8L II USM

但很少出现扭曲变形，尤其在画质较高的F8光圈下，画面边缘几乎不会出现图像拉长。搭配全画幅相机使用，能够充分展现其大胆的视角与出色的画质。最近对焦距离约为0.2m，可接近被摄体拍摄使其发生较大变形，夸张的透视效果还能增加照片的趣味性，带来强烈的视觉冲击力。

▪ 超广角定焦的运用使画面具有强烈的空间纵深感 ▪　▪ 光圈 F16 ▪ 焦距 14mm ▪ 感光度 100 ▪ 快门速度 25s

|15.1.6| 鱼眼镜头——表现变形之美

佳能 EF 8-15mm f/4L USM 鱼眼镜头无论是搭配全画幅机型还是APS-C画幅机型都可获得约180°视角的鱼眼效果。如搭配全画幅机型，焦距8mm时可以在水平、垂直及对角线方向上都获得约180°视角的圆周鱼眼效果，焦距15mm时可获得对角线方向上约180°视角的对角线鱼眼效果。搭配APS-C机型焦距10mm时以及搭配APS-H机型焦距12mm时可获得对角线方向上约180°视角的对角线鱼眼效果。

EF 8-15mm f/4L USM

虽然作为超广角鱼眼镜头，其镜片的曲率较高，但是镜片配置与镀膜的优化使眩光和鬼影得到很好的抑制。另外，为了减少斜射光产生的眩光和鬼影等，采用了可抑制反射光发生的SWC亚波长结构镀膜。

▪利用鱼眼镜头仰拍，使画面具有很强的视觉冲击力▪ 　▪光圈 F8 ▪焦距 15mm ▪感光度 100 ▪快门速度 1/40s

15.2 人像摄影镜头

| 15.2.1 | 广角变焦镜头——具有一定张力的人物

对于拥有F2.8大光圈的佳能16-35mm和尼康17-35mm广角变焦镜头（这两款镜头在风光摄影镜头中的"表现大场景风光"小节中有具体介绍，在此不再赘述）来说，不仅适合大场面风光的拍摄，同样适合表现具有一定张力的人物（尤其适合通过非凡的环境视觉来彰显人物的个性）。

EF 16-35mm f/2.8L II USM

• 使用广角镜头囊括更多画面信息，同时有利于展现人物修长身姿 •

［ • 光圈 F5.6 • 焦距 23mm • 感光度 200 • 快门速度 1/1600s ］

• 广角镜头拍摄水花溅起的瞬间，人物动感十足 •   ［ • 光圈 F3.2 • 焦距 16mm • 感光度 200 • 快门速度 1/800s ］

▪运用广角镜头低角度仰拍婀娜多姿的优美人像▪　　▪光圈 F13▪焦距 24mm▪感光度 100▪快门速度 1/250s

|15.2.2| 标准变焦镜头——适合多种场景拍摄

对于拥有F2.8大光圈的24-70mm标准变焦镜头（尼康和佳能的两款该焦距段的镜头，在风光摄影镜头中的"广泛适用性"小节中有具体介绍，在此不再赘述）来说，其焦距涵盖了广角和中焦两个焦距段，不仅适合风景拍摄，同样适合各种场景的人像拍摄（尤其是影棚拍摄或者一定的环境人物拍摄）。

AF-S 24-70mm f/2.8G ED

- 光圈 F2.8　　• 感光度 200
- 焦距 35mm　　• 快门速度 1/250s

• 室内拍摄清新靓丽的粉色女郎 •

• 室外逆光下的个性人像 •　　• 光圈 F2.8 • 焦距 50mm • 感光度 200 • 快门速度 1/250s

▪借助窗户光的照射，表现油画效果的羞涩▪　　［▪光圈 F2.8 ▪焦距 35mm ▪感光度 200 ▪快门速度 1/200s］

|15.2.3| 中远摄变焦镜头——使用灵活且画面优质

进行人像拍摄时，摄影者要根据自己的拍摄需要和表达意图来选择镜头，使用的镜头不同，所得到的效果也不尽相同。在所有实用的镜头中，拥有大光圈F2.8的70-200mm中长焦变焦镜头可以说是涵盖了人像拍摄的大多数焦段。

首先介绍的是素有"小竹炮"之称的尼康AF-S VR 70-200mm f/2.8G IF-ED中长焦变焦镜头，这支镜头可以说是尼康变焦镜头中最受欢迎的。它能配合尼康数码单反相机上的全部功能，包括超声波马达的AFS与尼康独有VR防抖功能；对焦快而准确，解析力基本上能跟定焦镜头相媲美；全程F2.8超大光圈加上VR防抖技术，可

以应用在任何题材的拍摄中；色彩还原能力与焦外成像也比上代产品改进了不少，拍摄的图像色彩浓郁，焦外成像柔和自然。

AF-S　70-200mm f/2.8G ED VR

▪长焦镜头拍摄典型性环境人像▪

[▪光圈 4 ▪焦距 100mm ▪感光度 200 ▪快门速度 1/3200s]

▪三个小玩伴的冬日欢歌▪　[▪光圈 F4 ▪焦距 120mm ▪感光度 500 ▪快门速度 1/3200s ▪曝光补偿+0.3EV]

其次推荐的是佳能EF 70–200mm f/2.8L IS II USM中长焦变焦镜头，该镜头在EF变焦镜头中可以称得上是最受欢迎的镜头了。此镜头的焦距覆盖了使用频率很高的焦段，F2.8的明亮大光圈、防水滴防尘结构、快速的自动对焦、图像稳定器、很高的成像性以及良好的操作性能等，这一切保证了此镜头能够在任何情况下轻松应对各种拍摄需求。这正是这支镜头的魅力所在。

EF 70–200mm f/2.8L IS II USM

■ 亭台楼榭中的张灯结彩，不觉一段往事不觉涌上心头 ■

■ 光圈 F2.8 ■ 焦距 85mm ■ 感光度 400 ■ 快门速度 1/350s

│15.2.4│ 35mm广角定焦镜头——拍摄环境人物

虽然上世纪最伟大的纪实摄影师、被誉为现代新闻摄影之父的布列松一生坚持使用50mm标准镜头，但现如今，欧洲多数纪实大师更倾向于使用35mm的镜头。此外，35mm镜头在人像摄影中也有广泛的用途：可以在合适的距离拍摄全身照，也可以拍出距离感强烈的大头照等。

佳能EF 35mm f/1.4L USM广角定焦镜头，拥有超高分辨率、弱光下的出色描写能力和完美的背景虚化效果。使用EF 35mm f/1.4L USM的感觉只能用舒服来形容，它采用了环型超声波马达，可实现全时手动对焦；完美虚化背景的能力使主体完全凸显出来，有强烈的立体感；轻微的暗角则将注意力引向画面中央。

另外，广角镜头免不了时常在逆光下拍摄，但是由于EF 35mm f/1.4L USM广角定焦镜头拥有出色的镀膜及镜筒消光处理，所以在逆光下的表现也非常出色。

EF 35mm f/1.4L USM

▪前后景的运用衬托出美丽的少女▪

[▪光圈 F1.6 ▪焦距 35mm ▪感光度 100 ▪快门速度 1/250s]

AF-S DX 35mm f/1.8G

尼康AF-S DX 35mm f/1.8G广角定焦镜头，其最大光圈是f/1.8，带有宁静波动马达，可以配合尼康D3200系列以及D5200等没有内置对焦马达的数码单反相机进行自动对焦拍摄。该镜头紧凑、轻便，

能获得定焦镜头独有的拍摄效果。由于是专门针对非全画幅数码单反相机的镜头，这款镜头的焦距换算后相当于35mm胶片机焦距的52.5mm，也就是真正意义上的50mm标准镜头，适合拍摄人像和风景。

■ 阳光洒落的窗户前，淡淡的忧思飘向远方 ■　■ 光圈 F2.5 ■ 焦距 35mm ■ 感光度 125 ■ 快门速度 1/100s

|15.2.5| 50mm标准定焦镜头——真实场景的还原

使用标准镜头拍摄人物，既可以实现广角镜头的效果，也可以得到长焦镜头的效果。具有大光圈50mm的定焦镜头更是具有其非凡的魅力。

佳能EF 50mm f/1.2L USM标准定焦镜头，最大的魅力在于运用其明亮的最大光圈所带来的虚化效果。从这个意义上说，50mm镜头的焦距虽然普通，但是其F1.2的最大光圈却是非常具有吸引力的。当使用F1.2的最大光圈进行拍摄时，甚至连合焦处都很难说非常锐利。整体成像比较柔和，而这种柔和的感觉正是此镜头的魅力所在。

EF 50mm f/1.2L USM

AF-S 50mm f/1.4G

尼康AF-S 尼克尔 50mm f/1.4G标准定焦镜头的最大光圈为f/1.4，能够用于例如灯光昏暗的室内这种黑暗的环境中手持拍摄。该镜头能很容易地创造出美丽的背景虚化效果。带有宁静波动马达（SWM），能够进行快速、安静的自动对焦。可以配合没有内置对焦马达的单镜反光相机机身，进行自动对焦拍摄。

▪ "窗花手中贴，情思如意郎"的美好瞬间 ▪ ┃ ▪ 光圈 F2.5 ▪ 焦距 50mm ▪ 感光度 100 ▪ 快门速度 1/60s ▪ 曝光补偿-1EV ┃

淡雅的暖黄色调烘托出迷人的优雅气质．

光圈 F2.8．焦距 50mm．感光度 500．快门速度 1/125s

|15.2.6| 85mm中焦定焦镜头——人像摄影镜头中的杰出代表

佳能EF 85mm f/1.2L II USM中焦定焦镜头可以说是同时拥有如丝绢般虚化和剃刀样锐度的镜头。当摄影者使用F1.2的最大光圈拍摄时，能够使前景或者背景得到良好的虚化效果，从而衬托出人物主体，使画面更加具有立体感。只要使用过该镜头一次，就会明白为什么它会被称作人像摄影镜头中的杰出代表。

EF 85mm f/1.2L II USM

▪ 清新可爱的小公主，脸上洋溢着自信与幸福 ▪ ▫ 光圈 F1.8 ▪ 焦距 85mm ▪ 感光度 200 ▪ 快门速度 1/400s ▫

AF-S 尼克尔 85mm f/1.4G是一支优质快速的中远摄定焦镜头，配备f/1.4超大光圈，能呈现美丽的虚化效果，成像性能优异，十分适合半身人像的创作，受到摄影爱好者的热捧。

AF-S 85mm f/1.4G

■ 梦幻前景掩映下的午后读书时光 ■

■ 光圈 F4 ■ 焦距 85mm ■ 感光度 320 ■ 快门速度 1/125s

|15.2.7| 135mm远摄定焦镜头——梦幻感的营造

85~135mm焦段的中远摄镜头作为人像摄影镜头一直受到了广大摄影者的支持和喜爱。其主要原因是它能够获得梦幻的虚化效果以及保持摄影者和被摄主体之间恰当的距离感，同时得到自然的成像效果。

佳能EF 135mm f/2L USM远摄定焦镜头很适合人像摄影，完美的焦外成像能力带来了梦幻般的画面，在光圈全开时也能获得锐利的成像，并且在色彩还原方面也非常优秀。其最大的特征就是任何人都可以轻松使用。

EF 135mm f/2L USM

▪ 光圈 F2.5 ▪ 焦距 135mm ▪ 感光度 400 ▪ 快门速度 1/640s

▪ 乡间的石阶小路上，姑娘绽放的笑容像阳光一样温暖 ▪

▪ 冬日恋雪的姑娘在雪花飞扬中绽放笑容 ▪　▪ 光圈 F4 ▪ 焦距 135mm ▪ 感光度 100 ▪ 快门速度 1/500s ▪ 曝光补偿+0.33EV ▪

接着介绍的是尼康AF DC 135mm f/2D远摄定焦镜头。迄今为止，在尼康庞大的"光学武器库"中有幸享有DC（Defocus-image Control）散焦影像控制技术的镜头仅有两支：一支是AF DC 135mm f/2D，另一支是AF DC 105mm f/2D。DC散焦控制技术是尼康在光学领域的独门秘籍，其妙处在于可以便捷地自由调控被摄主体前后景深的虚化范围，而这正是人像特写或人景合一用途中所追求的主要视觉效果。

AF DC 135mm f/2D

■ 夜色中的摩登女郎楚楚动人，韵味十足 ■

■ 光圈 F2.8 ■ 焦距 135mm ■ 感光度 200 ■ 快门速度 1/320s ■ 曝光补偿 -1EV

尼康AF DC 135mm f/2D远摄定焦镜头与全画幅数码单反相机或传统胶片单反相机匹配使用时的视角范围为18°；其7片6组的构成看似不复杂，实际上每一枚镜片都是精研细选，并经过反复调校装配而成的。

该镜头采用了纯黑金属皱纹漆磨砂涂层工艺，视觉奢华，手感绝佳；厚重的纯金属材质镜筒使AF DC 135mm f/2D重达815g，全长120mm，镜筒最大直径79mm，滤色镜规格为72mm；在AF DC 135mm f/2D镜体上设计有专用的散焦定位调节环，环体上标注着f2、f2.8、f4、f5.6四个可控挡位，通过向左F（前景散焦）或者向右R（后景散焦）方向的旋动进行主体模糊度调控。

15.3 生态摄影镜头

| 15.3.1 | 微距镜头——刻画昆虫和花朵

微距镜头可对微小物体进行放大成像，是能够展现平时无法用肉眼直接观察到的景物的特殊镜头。微距镜头的类型多种多样，摄影者可以根据自己日常拍摄的需要进行选择，接下来介绍两支比较优秀的微距镜头。

一支是世界首款搭载"双重IS影像稳定器"，能够对"平移抖动"和"倾斜抖动"进行补偿，并拥有最小光圈F32以及最近对焦距离0.3m的佳能EF 100mm f/2.8L IS USM微距镜头。该镜头是以现在市场上出售的EF 100mm f/2.8 USM微距为原型，除搭载了全新的手抖动补偿机构"双重IS影像稳定器"外，还进一步改善了光学结构等方面，是一支实现了更高成像性能的中远摄微距镜头。

▪虚化的绿色背景、晶莹的光感使画面活灵活现▪

[▪光圈 F3.2 ▪焦距 100mm ▪感光度 200 ▪快门速度 1/160s]

EF 100mm f/2.8L IS USM

▪局部构图捕捉"采蜜花蕊间"的生动画面▪

[▪光圈 F4 ▪焦距 100mm ▪感光度 50 ▪快门速度 1/800s ▪曝光补偿+0.33EV]

　　另一支是世界上第一款配备有宁静波动马达和VR系统，并拥有最小光圈F32以及最近对焦距离0.31m的尼康AF-S VR 105mm f/2.8G IF-ED微距镜头，其主要使用范围是拍摄者不能接近的中距离，F2.8的光圈能够在黄金焦段的上部极大地提高画面细节表现力，同时比较适合野外环境下从事中等距离的特写拍摄。

AF-S VR 105mm f/2.8G IF-ED

▪暗调的氛围突出了花瓣的质感，提升了画面意境▪

▪光圈 F2.8 ▪焦距 105mm ▪感光度 400 ▪快门速度 1/3200s

▪斜线构图使画面富有动感，生机勃勃▪　　▪光圈 F3.2 ▪焦距 105mm ▪感光度 50 ▪快门速度 1/250s

|15.3.2| 300mm定焦镜头——具有完美的锐利和虚化能力

摄影者想要充分体验镜头本身具有的锐度和虚化能力，可以考虑选择远摄定焦镜头。

拥有最近对焦距离为2.5m的佳能EF 300mm f/2.8 L IS II USM高性能定焦镜头，是一支生态摄影（尤其是动物摄影）不可或缺的镜头。在佳能EF系列远摄镜头中，其拥有很高的画质，不管是对阴影部分还是高光部分的还原都是非常出色的。在使用此镜头时，相机取景器中明亮的图像足以令人着迷。镜头的IS机构使手持拍摄成为可能，因此越是艰难的拍摄条件越能体现出这支镜头的实力。

EF 300mm f/2.8 L IS II USM

▪ 小企鹅在妈妈照料下蹒跚学步的趣味画面 ▪   [▪ 光圈 F4 ▪ 焦距 300mm ▪ 感光度 500 ▪ 快门速度 1/640s]

尼康AF-S 300mm f/4E PF ED VR镜头，是尼康第一支采用菲涅尔相位镜片的镜头。相比上一代产品，重量减轻了约545g，总长度缩短约75mm（距离相机镜头卡口的长度），最大直径缩小约1mm。尼康新300mm f/4在镜筒内配备带驱动机构的光圈叶片装置，能够通过来自照相机机身的电信号控制光圈。使用电磁光圈后，即便在高速连拍期间，该装置也能确保稳定的自动曝光控制。

AF-S 300mm f/4E PF ED VR

▪ 逆光的轮廓线勾勒出棕熊的美丽身影 ▪

▪ 光圈 F5.6 ▪ 焦距 300mm ▪ 感光度 800 ▪ 快门速度 1/2000s

▪ 夕阳余晖，一对长颈鹿浪漫地踱步 ▪   ▪ 光圈 F5.6 ▪ 焦距 300mm ▪ 感光度 200 ▪ 快门速度 1/320s

|15.3.3| 远摄变焦镜头——具有强烈的拉近效果

　　AF-S 尼克尔 80-400mm f/4.5-5.6G ED VR 5倍变焦远摄镜头提供了出色的清晰度和速度，适合拍摄风景、野生鸟类和体育赛事。拥有出色的锐度、降低杂光的纳米结晶涂层、1片ED镜片和4片超级ED镜片。宁静波动马达（SWM）确保了快速安静的自动对焦，当连接兼容f/8镜头的相机时，即使使用1.4倍增距镜，也可自动对焦。为了提高清晰度，VR（减震）带来的减震效果相当于提高4挡快门速度。

AF-S VR 80-400mm f/4.5-5.6G

▪ 长焦镜头捕捉逆光下的角斗 ▪

[▪ 光圈 F5.6 ▪ 焦距 400mm ▪ 感光度 640 ▪ 快门速度 1/8000s]

▪ 长焦镜头捕捉落日下的剪影羚羊 ▪　　[▪ 光圈 F5.6 ▪ 焦距 400mm ▪ 感光度 200 ▪ 快门速度 1/640s ▪ 曝光补偿-0.67EV]

佳能EF 100-400mm f/4.5-5.6L IS II USM适用于生态、赛车以及新闻报道等多领域。内置1片萤石镜片和1片超级UD镜片，可有效抑制色像差，且实现了全焦段的高画质。此外，采用能大幅抑制眩光和鬼影的新技术ASC空气球形镀膜（Air Sphere Coating）。最近对焦距离约0.98m，最大放大倍率约0.31倍，易虚化背景，有利于近拍小型被摄体。搭载可获得最大相当于约4级快门速度补偿效果的

手抖动补偿机构。可设置针对追随拍摄的手抖动补偿"模式2"，或拍摄不规则运动被摄体时更为有效的"模式3"。采用旋转式变焦，提高了耐久性，并可分级设置变焦环的操作扭矩，旋转角度约95°，可快速完成构图。此外，配备新型的三脚架接环，可在不取下镜头的状态下单独拆卸转接环的底座。安装三脚架拍摄时能快速取下相机切换为手持拍摄，且取下相机时转接环底座留在三脚架上，不会妨碍拍摄。

EF 100-400mm f/4.5-5.6L IS II USM

• 长焦镜头拍摄打斗中的大羚羊 •　　• 光圈 F5.6 • 焦距 400mm • 感光度 200 • 快门速度 1/3200s

15.3.4 | 600mm超远摄定焦镜头——打鸟利器

佳能EF 600mm f/4L IS II USM，是一款专业摄影师在进行体育报道或野生动物摄影时可以发挥作用的L级大光圈超远摄定焦镜头。镜头重约3920克，使用了2片具有强大色像差补偿能力的萤石镜片，拥有很高的分辨率和对

比度。另外，还通过优化镜片配置和镀膜，减少了鬼影和眩光的产生。其中，在第12片镜片上采用了SWC亚波长结构镀膜，对于因光源进入画面内而容易产生的鬼影现象有较强的抑制作用。光圈采用了9片叶片的结构，可以带来相当美丽的虚化效果。手抖动补偿机构IS影像稳定器通过低摩擦结构和新算法的采用，实现了最大相当于约4级快门速度的手抖动补偿效果。

EF 600mm f/4L IS II USM

图书在版编目（C I P）数据

数码单反摄影从入门到精通. 第2卷 / 神龙摄影编著
. -- 2版. -- 北京 : 人民邮电出版社，2016.6（2022.2 重印）
ISBN 978-7-115-42021-3

Ⅰ．①数… Ⅱ．①神… Ⅲ．①数字照相机－单镜头反
光照相机－摄影技术 Ⅳ．①TB86②J41

中国版本图书馆CIP数据核字(2016)第059212号

内 容 提 要

摄影是一门技术，需要对基本操作勤学勤练；摄影是一门艺术，需要通过各种表现手法来传达创作思想。面对同样的场景，表达的思想不一样，所运用的拍摄手法也是有差别的。构图用来对场景进行解构与整理，用光则是表现拍摄主题的基础，曝光展示的是对环境的再现能力，色彩则成为最直接的情感表达元素，当然还有镜头——不同拍摄主题对镜头的选择及使用都不尽相同。这些创作手法与工具在各种场景中的应用，都将在本书中得到淋漓尽致的体现。我们相信，读者阅读完本书且加以练习，摄影水平将迅速得到进一步的提高，并跨入艺术创作之门。

本书适合摄影爱好者，特别是想快速提高摄影艺术创作水平的朋友阅读。

◆ 编　著　神龙摄影
责任编辑　马雪伶
责任印制　杨林杰

◆ 人民邮电出版社出版发行　北京市丰台区成寿寺路 11 号
邮编　100164　电子邮件　315@ptpress.com.cn
网址　http://www.ptpress.com.cn
天津图文方嘉印刷有限公司印刷

◆ 开本：787×1092　1/16
印张：22　　　　　　　　　2016 年 6 月第 2 版
字数：545 千字　　　　　　2022 年 2 月天津第 14 次印刷

定价：119.90 元
附 1 张 DVD+1 本摄影后期处理技法手册
读者服务热线：(010)81055410　印装质量热线：(010)81055316
反盗版热线：(010)81055315
广告经营许可证：京东市监广登字20170147 号